赤ちゃんネコのすくいかた

小さな“いのち”を守る、ミルクボランティア

児玉小枝　写真・文

集英社みらい文庫

プロローグ

この子《こ》の名前《なまえ》は、アン。

産《う》まれて間《ま》もない生後《せいご》2週間《しゅうかん》のときに、空《あ》き地《ち》の横《よこ》のみぞに捨《す》てられていた、赤《あか》ちゃんネコです。

アンはその後《ご》、近所《きんじょ》の人《ひと》に発見《はっけん》され、熊本市動物愛護《くまもとしどうぶつあいご》センターに収容《しゅうよう》されました。

そして、職員《しょくいん》さんやミルクボランティアさんの手《て》によって、たいせつに育《そだ》てられました。

アンは本《ほん》の後半《こうはん》にも登場《とうじょう》します。

〝ミルクボランティア〟とは、お母《かあ》さんネコにかわって、赤《あか》ちゃんネコにミルクをあげたり、オシッコやウンチを出《だ》させてあげたりしながら、離乳《りにゅう》（※1）までのお世話《せわ》をするボランティア活動《かつどう》のこと。

離乳後《りにゅうご》はふたたび施設《しせつ》にもどり、あたらしい飼《か》い主《ぬし》さんがあらわれるのをまつことになります。

熊本市動物愛護《くまもとしどうぶつあいご》センターは、全国《ぜんこく》に先《さき》がけて、民間《みんかん》（※2）のミルクボランティアさんと協力《きょうりょく》しながら、ネコの〝殺処分《さつしょぶん》ゼロ〟をめざして、とりくみをすすめている施設《しせつ》なのです。

（※1）離乳《りにゅう》＝ミルクを卒業《そつぎょう》し、自力《じりき》でカリカリ（固形《こけい》のキャットフード）を食《た》べたり水《みず》を飲《の》んだりできる状態《じょうたい》になること。

（※2）民間《みんかん》＝公《おおやけ》の機関《きかん》にぞくしていない一般市民《いっぱんしみん》。

アンのように、動物収容施設《どうぶつしゅうようしせつ》（※1）に保護《ほご》されるネコは、全国《ぜんこく》で一年間《ねんかん》に10万《まん》9918頭《とう》います（※2）。そして、そのうちの8万《まん》8755頭《とう》が、あらたな飼《か》い主《ぬし》にひきとられることなく、殺処分《さつしょぶん》されました。

施設《しせつ》に収容《しゅうよう》されるネコの大半《たいはん》は、アンのような、お母《かあ》さんにミルクをもらわなければ生《い》きられない赤《あか》ちゃんネコ。

自分《じぶん》ひとりでゴハンを食《た》べたり、オシッコやウンチができない赤《あか》ちゃんネコのお世話《せわ》は、とても手《て》がかかります。そのため、施設《しせつ》で保護《ほご》することがむずかしく、すぐに殺処分《さつしょぶん》されてしまう――というのが日本《にほん》の現状《げんじょう》なのです。

（※1）動物収容施設《どうぶつしゅうようしせつ》＝動物愛護《どうぶつあいご》センター、動物管理《どうぶつかんり》センター、保健所《ほけんじょ》など、名称《めいしょう》は自治体《じちたい》によってさまざまです。

（※2）環境省《かんきょうしょう》（平成《へいせい》26年度《ねんど》）調《しら》べ。

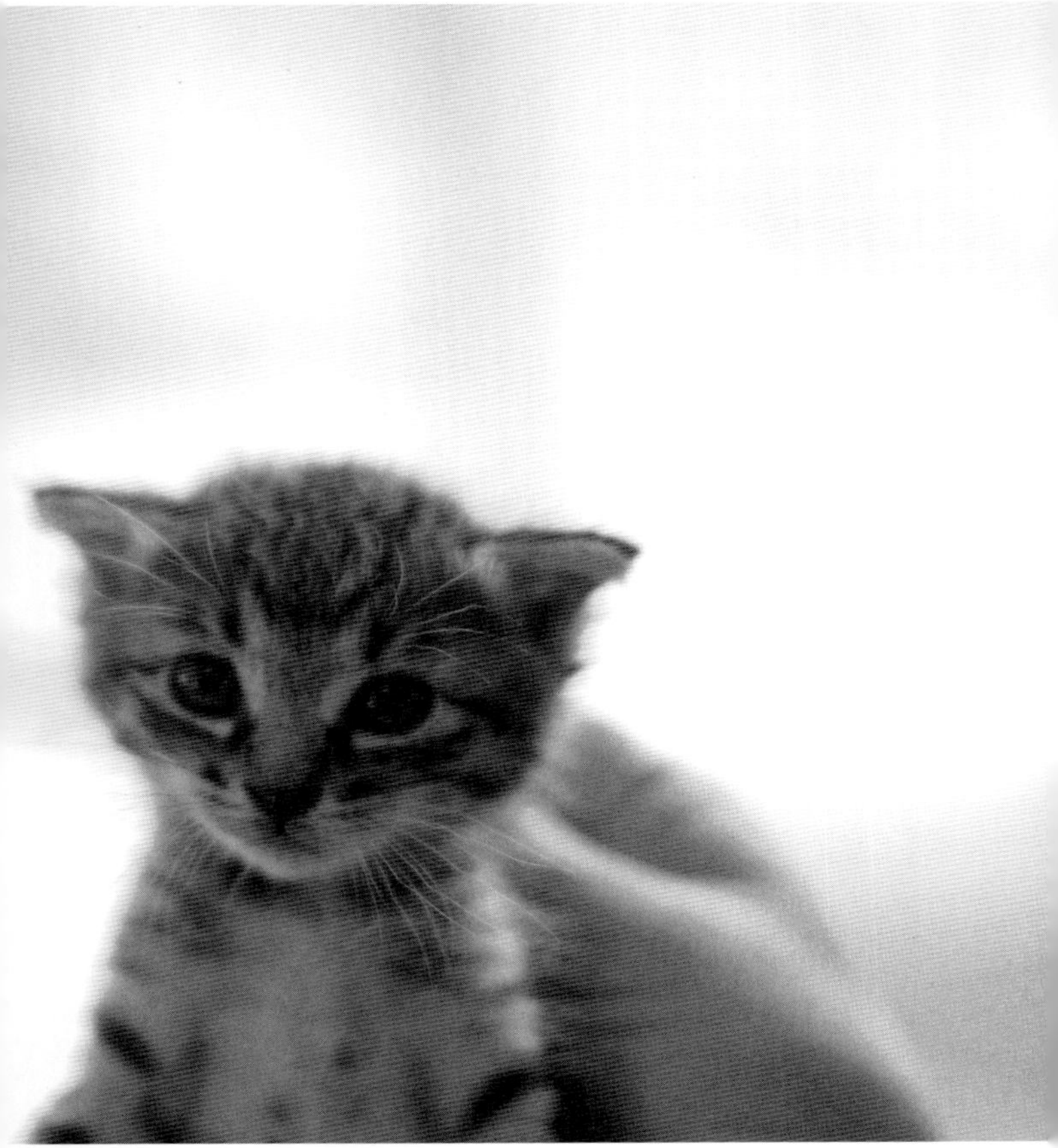

『熊本《くまもと》市《し》動物《どうぶつ》愛護《あいご》センター』では、どんな人《ひと》たちが、どんな想《おも》いで、どんな仕事《しごと》をしているのだろう……。

そこに行《い》けば、全国《ぜんこく》の赤《あか》ちゃんネコをすくうヒントが見《み》つかるかもしれない。

――そう感《かん》じた私《わたし》は、施設《しせつ》をおとずれ、命《いのち》を守《まも》る現場《げんば》ではたらく人々《ひとびと》のお話《はなし》を聞《き》かせていただくことにしました。

もくじ

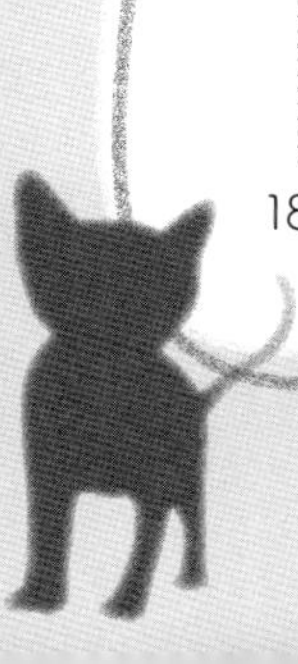

1 いざ、熊本市動物愛護《くまもとしどうぶつあいご》センターへ！

はじめて熊本《くまもと》をおとずれたのは、2015年《ねん》の10月初旬《がつしょじゅん》。熊本空港《くまもとくうこう》から車《くるま》で20分《ぷん》ほど走《はし》ったところ——住宅地《じゅうたくち》と山林《さんりん》にはさまれた高台《たかだい》の上《うえ》に、『熊本市動物愛護《くまもとしどうぶつあいご》センター』（以下《いか》、センター）はありました。

正面《しょうめん》には犬《いぬ》たちの収容棟《しゅうようとう》、右手《みぎて》には愛護棟《あいごとう》と芝生《しばふ》のドッグラン、左手《ひだりて》には事務所《じむしょ》のある管理棟《かんりとう》があります。

私《わたし》が門《もん》をはいっていくと、収容棟《しゅうようとう》のまえで日《ひ》なたぼっこをしていた犬《いぬ》たちが、とつぜんあらわれた不審者《ふしんしゃ》（私《わたし》）にむかって、ワンワン！　キャンキャン！と、にぎやかにほえたてました。

愛護棟《あいごとう》

管理棟《かんりとう》

犬《いぬ》の収容棟《しゅうようとう》

センターには取材当時《しゅざいとうじ》25名《めい》の職員《しょくいん》が勤務《きんむ》、犬《いぬ》75頭《とう》と猫《ねこ》94頭《とう》が保護《ほご》・収容《しゅうよう》されていました。

まずは、所長《しょちょう》さんにごあいさつを……と、管理棟《かんりとう》にむかって歩《あゆ》みをすすめていくと、ガラス張《ば》りのとびらのむこう側《がわ》に、なにやらペット用《よう》の〝ゲージ〟らしきものがズラリとならんでいるのが見《み》えてきました。

玄関《げんかん》のとびらをあけて中《なか》にはいると、いきなり私《わたし》の目《め》に飛《と》びこんできたのは……ネコ、ネコ、ネコ!!

ねこを飼っている人へ

受付《うけつけ》のまわりの空《あ》いたスペースに所《ところ》せましとならべられたケージの中《なか》から、さまざまなサイズの子猫《こねこ》たち（一部《いちぶ》、大人猫《おとなねこ》も）が、クリクリした瞳《ひとみ》でいっせいに、私《わたし》を見上《みあ》げているのです。

さらに、となりの部屋《へや》にならべられたキャリーバッグの中《なか》をのぞくと、生《う》まれて間《ま》もない赤《あか》ちゃんネコが――。

（この子《こ》たち、いったい、どういう〝立場《たちば》〟のネコたちなんだろう……）

そう思《おも》いながらも、所長《しょちょう》の村上睦子《むらかみむつこ》さんにごあいさつをし、お話《はなし》を聞《き》かせていただきました。

「この子《こ》たちはみんな、〝譲渡《じょうと》〟対象《たいしょう》の（あたらしい飼《か》い主《ぬし》が見《み》つかるのをまっている）ネコなんですよ」

所長《しょちょう》さんのその言葉《ことば》に、私《わたし》はホッと胸《むね》をなでおろしました。

なぜなら、これまで私《わたし》が施設《しせつ》で出会《であ》ったネコたちは、ほとんどが、これからガス室《しつ》に送《おく》られる運命《うんめい》の……つまり〝殺処分《さつしょぶん》〟対象《たいしょう》のネコだったからです。

そのことを所長《しょちょう》さんに伝《つた》えると、

「うちのセンターでも、今《いま》から8年前《ねんまえ》までは、ネコたちをガス室《しつ》で殺処分《さつしょぶん》していたんですよ」

との答《こた》えがかえってきました。

「その当時《とうじ》、一年間《ねんかん》に持《も》ちこまれるネコの数《かず》は500〜1000頭以上《とういじょう》。そのほとんどが子猫《こねこ》で、しかも、お母《かあ》さんネコのかわりに3、4時間《じかん》おきにミルクをあげたりオシッコやウンチをさせてあげなければ生《い》きられない、乳飲《ちの》み子《ご》でした。その子《こ》たちをうちの職員《しょくいん》だけでめんどう見《み》るなんて到底《とうてい》、不可能《ふかのう》でしたし、収容《しゅうよう》するスペースもほとんどありません。なので、衰弱死《すいじゃくし》させてしまうまえに、その日《ひ》のうちにも殺処分《さつしょぶん》せざるをえない……そんな状況《じょうきょう》でした。できることなら殺《ころ》したくない。でもそれ以外《いがい》に方法《ほうほう》がなかったのです」

そう言《い》いながら、私《わたし》に資料《しりょう》を見《み》せてくださいました。

今《いま》から10年《ねん》以上前《いじょうまえ》——2003年度《ねんど》のネコの殺処分数《さつしょぶんすう》は年間《ねんかん》963頭《とう》でしたが、5年後《ねんご》の2008年度《ねんど》には70頭《とう》に、その翌年《よくとし》には6頭《とう》にまで大《おお》きく減少《げんしょう》。

そして昨年度《さくねんど》には、ついに『0頭《とう》』（※）を実現《じつげん》していたのです。

（※）重《おも》いケガや病気《びょうき》などで快復《かいふく》がのぞめず、苦痛《くつう》をともなう死《し》をさけられない場合《ばあい》の、麻酔薬注射《ますいやくちゅうしゃ》による〝安楽死《あんらくし》〟をのぞく。

さらにおどろいたのは、譲渡率《じょうとりつ》(※)の高《たか》さ。

2003年度《ねんど》にはわずか8%だったのが、今《いま》では80%をこえています。ケガや病気《びょうき》で亡《な》くなったネコの数字《すうじ》をのぞけば、ほぼ100%です。

「——こんなふうにネコがすくわれるようになったきっかけは、ボランティアの梅崎《うめざき》さんという女性《じょせい》がつくってくださったんです。彼女《かのじょ》がいなければ、今《いま》のようにネコたちをすくうことはできていなかったと思《おも》います」

あるひとりの女性《じょせい》の存在《そんざい》が、センターをかえるきっかけになった……？

私《わたし》はさっそく、その女性《じょせい》に会《あ》って、話《はなし》を聞《き》いてみることにしました。

(※)譲渡率《じょうとりつ》=センターに収容《しゅうよう》されたネコのうち、あらたな飼《か》い主《ぬし》にもらわれた割合《わりあい》。

2

〝殺処分《さつしょぶん》ゼロ〟のきっかけは、ひとりの女性《じょせい》!?

梅崎恵美子《うめざきえみこ》さん——熊本市内《くまもとしない》で会社《かいしゃ》づとめをしながら、家族《かぞく》の一員《いちいん》である3頭《とう》のネコとともに暮《く》らす女性《じょせい》です。はじめてお会《あ》いした彼女《かのじょ》は、やさしいなかに、凛《りん》ととおった〝芯《しん》〟がある——そんな印象《いんしょう》の方《かた》でした。

ご自宅《じたく》には、熊本県内《くまもとけんない》の収容施設《しゅうようしせつ》からゆずりうけ、あたらしい飼《か》い主《ぬし》さがしをしている保護猫《ほごねこ》も2頭《とう》。

ネコたちは、きれいにととのえられた部屋《へや》で幸《しあわ》せそうにくつろいでいました。

そんなネコたちを、愛《いと》しくてたまらないようすで見《み》つめる梅崎《うめざき》さん。

筋金入《すじがねい》りの〝ネコ派《は》〟かと思《おも》いきや、

「生《う》まれたときからず〜っと犬《いぬ》といっしょに暮《く》らしてきたので、もともとは

梅崎《うめざき》さんがだいているのは、あたらしい飼《か》い主《ぬし》さん募《ぼ》集中《しゅうちゅう》のジンくん。

〃イヌ派《は》〃だったんですよ〜」

とのこと。

梅崎《うめざき》さんは、保健所《ほけんじょ》につれていかれて殺処分《さつしょぶん》される犬《いぬ》やネコがいることを、うすうすは知《し》りながらも、

「テレビでそういう映像《えいぞう》が流《なが》れると、かわいそうだから見《み》たくない……と目《め》をそらしてきました。でも、『熊本市《くまもとし》が全国《ぜんこく》に先《さき》がけて、犬《いぬ》の〃殺処分《さつしょぶん》ゼロ〃をめざすとりくみをはじめた』というニュースを知《し》ってからは、『熊本市《くまもとし》、すごい！　がんばれ〜！』と、心《こころ》のなかでエールを送《おく》っていたのです。と同時《どうじ》に、大好《だいす》きな犬《いぬ》たちをすくうために、自分《じぶん》にもなにかできることはないだろうか？と考《かんが》えはじめました」

その後《ご》、知《し》りあいのボランティアさんから聞《き》いたある話《はなし》が、梅崎《うめざき》さんの人生《じんせい》を左右《さゆう》することになります。

それは2007年《ねん》のゴールデンウィークまえのことでした。

『じつは今《いま》、センターにケガをしたネコが1頭《とう》いてね。その子《こ》、明日《あした》、殺処分《さつしょぶん》されるんだよね……』

『ええ!? ネコ!? 明日《あした》、殺処分《さつしょぶん》!?』

それまで、梅崎《うめざき》さんのなかで『保健所《ほけんじょ》』『動物愛護《どうぶつあいご》センター』といえば『犬《いぬ》』のイメージしかなかったのです。

よくよく話《はなし》を聞《き》いてみると、マスコミや市民《しみん》のあいだで話題《わだい》にされていないだけで、じつは、ネコもたくさん収容《しゅうよう》され、そのほとんどがすくわれることがないというのです。

「そのネコの話《はなし》は、私《わたし》にとって衝撃的《しょうげきてき》でした。できることなら聞《き》きたくなかった。でも、聞《き》いてしまったからには、その子《こ》の存在《そんざい》を〝なかったこと〟にはできない。もし、私《わたし》が助《たす》けに行《い》かなかったら……そう考《かんが》えると、その日《ひ》の夜《よる》は、ねむれませんでした」

翌朝《よくあさ》、梅崎《うめざき》さんは、意《い》を決《けっ》して、センターに電話《でんわ》をかけました。

『そちらに今《いま》、ケガをしたネコが収容《しゅうよう》されていると思《おも》うんですが……。今日《きょう》の夕方《ゆうがた》、私《わたし》がひきとりに行《い》きますので、殺処分《さつしょぶん》しないでください』

その日《ひ》、仕事《しごと》をおえた梅崎《うめざき》さんは、車《くるま》をとばし、センターにかけつけました。職員《しょくいん》に案内《あんない》された先《さき》には、ネコ用《よう》の小《ちい》さな殺処分機《さつしょぶんき》が。

その上《うえ》におかれたケージの中《なか》に、身《み》じろぎもせず〝負傷猫《ふしょうねこ》〟は、はいっていました。

「その子《こ》のケガはとてもひどく、背中《せなか》の皮《かわ》はずるむけ、足《あし》の骨《ほね》は3本《ぼん》もおれていました。あまりにも痛々《いたいた》しくてかわいそうで……いっこくも早《はや》く治療《ちりょう》してあげたいと思《おも》い、段《だん》ボール箱《ばこ》にその子《こ》をいれて、動物病院《どうぶつびょういん》へ急《いそ》ぎました」

獣医《じゅうい》さんも絶句《ぜっく》するほどの重傷《じゅうしょう》で、「治療《ちりょう》しても後遺症《こういしょう》がのこるかもしれない」とつげられましたが、梅崎《うめざき》さんは動《どう》じませんでした。

「じっさい、お世話《せわ》の面《めん》でも、費用《ひよう》の面《めん》でも、とても大変《たいへん》でした。でも、なん

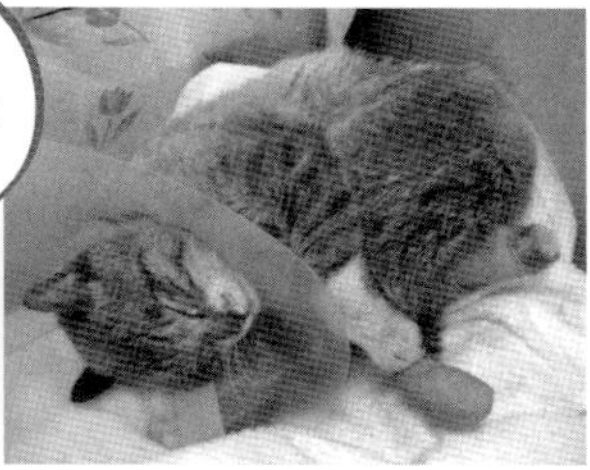

ひきとったばかりのころの健《たけし》くん（上《うえ》）と、ケガが回復《かいふく》した健《たけし》くん（左《ひだり》）。名前《なまえ》には「丈夫《じょうぶ》で強《つよ》い、健康《けんこう》な子《こ》になってほしい」という願《ねが》いがこめられています。（写真提供《しゃしんていきょう》／梅崎《うめざき》さん）

としても助《たす》けたかった。それに私《わたし》、その子《こ》を助《たす》けることで、自分《じぶん》のボランティアとしての力量《りきりょう》やかくごをためしたい、という思《おも》いもあったんです」

『健《たけし》』と名《な》づけられたその子《こ》は、なんどかの入院《にゅういん》や手術《しゅじゅつ》をくりかえしながら、梅崎《うめざき》さんの愛情《あいじょう》と手《て》あつい看護《かんご》をうけ、約《やく》4カ月《げつ》をかけて快復《かいふく》。

7カ月後《げつご》には、梅崎《うめざき》さんのブログを見《み》て、『健《たけし》くんの家族《かぞく》になりたい』と申《もう》しでてくれた、埼玉県《さいたまけん》に住《す》む小学校教諭《しょうがっこうきょうゆ》の女性《じょせい》の〝ひとり息子《むすこ》〟として、あらたな〝猫生《ねこせい》〟をスタートさせました。

「いっしょに暮《く》らしてきた7カ月《げつ》のあいだに、健《たけし》には、すっかり情《じょう》がうつっていました。本心《ほんしん》では、はなれたくない……うちの子《こ》にしたい……でも、それをしてしまったら、つぎにすくいをまっている子《こ》をうけいれられなくなる……。ここで、ちゃんとあたらしい飼《か》い主《ぬし》さんにわたすことができなければ、私《わたし》はボランティア失格《しっかく》……。そう自分《じぶん》に言《い》い聞《き》かせ、なんとか、送《おく》りだしました。お別《わか》れするときは、思《おも》わず号泣《ごうきゅう》してしまいましたけどね！」

2007年《ねん》12月《がつ》、健《たけし》にぶじ、あたらしい家族《かぞく》を見《み》つけることができた梅崎《うめざき》さんは、その先《さき》も、ネコをすくうボランティアをつづけていくことを決意《けつい》しました。

「そのことをセンターの職員《しょくいん》さんに伝《つた》えると、『では、まずは、離乳《りにゅう》していて、健康面《けんこうめん》でも問題《もんだい》のない、譲渡《じょうと》されやすい子《こ》のレスキュー（※）からお願《ねが》いします』と言《い》われました。私《わたし》のボランティアとしての力量《りきりょう》をみとめてもらい、1頭《とう》でも多《おお》くの命《いのち》をたくしてもらえるようになるため、それからは、あらゆる力《ちから》をつくしました。まずは、地元《じもと》の新聞《しんぶん》の掲示板《けいじばん》や私《わたし》のブログに、センターに収容《しゅうよう》されているネコの写真《しゃしん》をのせ、『あたらしい飼《か》い主《ぬし》さん』の募集《ぼしゅう》をすることにしたのです。そうしたら、ネコを家族《かぞく》にむかえたいと申《もう》しでてくれる人《ひと》が次々《つぎつぎ》にでてきたのです。センターでも、はじめは、人《ひと》なれしている子猫《こねこ》しか譲《じょう》渡《と》対象《たいしょう》としてのこしてもらえなかったのが、じょじょに、人《ひと》なれしていない子猫《こねこ》ものこしてもらえるようになってきました」

（※）レスキュー＝すくったり保護《ほご》したりすること。

最初《さいしょ》は個人《こじん》で活動《かつどう》をはじめた梅崎《うめざき》さんでしたが、活動《かつどう》を知《し》った人《ひと》たちが、

「自分《じぶん》にも、なにか手伝《てつだ》えることはありませんか？」

と声《こえ》をかけてくれるようになりました。

「みなさん、空《あ》いている時間《じかん》に、ネコの一時《いちじ》あずかりや、会計《かいけい》、フードのふりわけ、チラシづくりなど、それぞれの得意分野《とくいぶんや》で手伝《てつだ》ってくださるようになり、とても助《たす》かりました」

そして、そんな仲間《なかま》たちと活動《かつどう》するボランティア団体《だんたい》を、『チームにゃわん』と名《な》づけ、さらに活動《かつどう》を本格化《ほんかくか》させます。


そうして着実《ちゃくじつ》に、『保護《ほご》↓譲渡《じょうと》』の実績《じっせき》をかさねてきた梅崎《うめざき》さんの活動《かつどう》は、センター職員《しょくいん》からも、いちもくおかれるようになってきます。

その成果《せいか》は、数字《すうじ》のうえでもあきらかでした。

2006年度《ねんど》には512頭《とう》だったネコの殺処分数《さつしょぶんすう》が、梅崎《うめざき》さんがかかわるよ

うになった2007年度《ねんど》には324頭《とう》に、翌年度《よくねんど》には70頭《とう》にまで、大《おお》きく減少《げんしょう》したのです。

そうしたなか、センターでの殺処分《さつしょぶん》の方法《ほうほう》にも変化《へんか》がありました。

それまでは、殺処分頭数《さつしょぶんとうすう》の多《おお》さゆえ、何頭《なんとう》もまとめて処分《しょぶん》できる、ネコ用《よう》の小型《こがた》ガス処分機《しょぶんき》を使《つか》っていました。

しかし、「少《すこ》しでもネコへの負担《ふたん》を減《へ》らすため、これからは麻酔注射《ますいちゅうしゃ》での処《しょ》分《ぶん》に切《き》りかえよう――」ということになり、2008年度以降《ねんどいこう》、〝ガス処分機《しょぶんき》〟が使《つか》われることはなくなったのです。

それは大《おお》きな大《おお》きな一歩《いっぽ》でした。

左手前《ひだりてまえ》は、全国《ぜんこく》からよせられた支援物資《しえんぶっし》の毛布《もうふ》やタオルやベッド。奥《おく》に見《み》えるのは、使《つか》われなくなったガス処分機《しょぶんき》と焼却炉《しょうきゃくろ》。

センターのかたすみにポツンとおかれた、ネコ用《よう》ケージ。以前《いぜん》は、ケージがネコでいっぱいになると、順送《じゅんおく》りにケージごとガス室《しつ》にいれられ、殺処分《さつしょぶん》されていました。

犬《いぬ》の収容房《しゅうようぼう》のうらにある通路《つうろ》。以前《いぜん》は、殺処分対象《さつしょぶんたいしょう》の犬《いぬ》が、この通路《つうろ》をとおって、奥《おく》のガス室《しつ》へと送《おく》られていました。

3 赤《あか》ちゃんネコもすくいたい!!

ガス処分機《しょぶんき》が使《つか》われなくなったとはいえ、その時点《じてん》ではまだ、ネコの殺処分《さつしょぶん》がなくなったわけではありませんでした。

「持《も》ちこまれたらすぐに殺処分《さつしょぶん》になってしまう〝赤《あか》ちゃんネコ〟のことが、ずっと気《き》になっていたんです。でも、当時《とうじ》はまだメンバーの数《かず》も少《すく》なく……うけいれるのはむりでした。それが、活動《かつどう》をはじめた翌年《よくとし》ぐらいでしょうか、メンバーが増《ふ》え、よゆうが生《う》まれてきたところで、やっと、センターの方《かた》に、『赤《あか》ちゃんネコもひきとらせてください』と、伝《つた》えることができました。そのときの職員《しょくいん》さんの反応《はんのう》ですか？　『助《たす》かります！　お願《ねが》いします！』ということで、こころよく、まかせてくださいました」

そのころには、梅崎《うめざき》さんとセンター職員《しょくいん》さんのあいだに、しっかりとした信頼関係《しんらいかんけい》がきずかれていました。

『梅崎《うめざき》さんなら、手《て》のかかる赤《あか》ちゃんネコをあずけても、きっと、責任《せきにん》をもってお世話《せわ》し、譲渡先《じょうとさき》を見《み》つけてくれるだろう』

そんな安心感《あんしんかん》があったからこそ、すぐにゴーサインが出《で》たのです。

ただ、『赤《あか》ちゃんネコの保護活動《ほごかつどう》』は、想像《そうぞう》していた以上《いじょう》にたいへんなものでした。

出産《しゅっさん》シーズンの春《はる》になると、生《う》まれたばかりの赤《あか》ちゃんネコが、毎日《まいにち》のように、センターに持《も》ちこまれます。そのたびに梅崎《うめざき》さんの携帯電話《けいたいでんわ》に連絡《れんらく》がはいり、夕方《ゆうがた》、仕事《しごと》がおわったあと、すぐさまセンターへ赤《あか》ちゃんネコをひきとりに行《い》っては、あずかりボランティアさんのおたくへ送《おく》りとどける日々《ひび》。

その当時《とうじ》、ひきとった赤《あか》ちゃんネコについては、『団体譲渡《だんたいじょうと》』（※）というかたちで、あたらしい飼《か》い主《ぬし》を見《み》つけるまですべて、梅崎《うめざき》さんたちボランティアがひきうけていました。

あずかりボランティアさんの家《いえ》に、のこった子猫《こねこ》がどんどんたまっていく……。多《おお》いときには、譲渡《じょうと》をまつネコが100頭以上《とういじょう》になってしまったこともあるそうです。

「乳飲《ちの》み子《ご》のお世話《せわ》は、3、4時間《じかん》おきにミルクをあげなければいけませんので、私《わたし》のように、朝《あさ》から夜《よる》まではたらきに出《で》ている者《もの》にはできません。ですので、メンバーの中《なか》でも、主婦《しゅふ》の方《かた》たち（4、5組《くみ》）にお願《ねが》いすることになってしまいます。そして、その方《かた》たちの負担《ふたん》がどんどん増《ふ》えていってしまったのです。ひとつのご家庭《かてい》に赤《あか》ちゃんネコが10頭以上《とういじょう》いる……なんてことも、ざらにありました」

そうしたなか、メンバーの中《なか》には、お世話《せわ》で昼《ひる》も夜《よる》もねむれず、心身《しんしん》ともにつかれきってしまう人《ひと》や、『子猫《こねこ》のお世話《せわ》にあけくれて、家《いえ》のことがおざなりになってしまう……』となやむ人《ひと》もあらわれはじめます。

また、乳飲み子《ちのみご》は、いちど体調《たいちょう》をくずすと、かんたんに命《いのち》を落《お》としてしまうことがあり、『命《いのち》をすくうボランティアをしたいと思《おも》って、この活動《かつどう》に参加《さんか》したのに、死《し》に直面《ちょくめん》することがあって、つらい……』と落《お》ちこんでしまう方《かた》もおられたそうです。

「赤《あか》ちゃんネコがぶじに育《そだ》って、いい家庭《かてい》にもらわれていったときは、本当《ほんとう》にうれしいですし、それまでの苦労《くろう》がむくわれる思《おも》いがするんです。でも、今《いま》のままでは、スタッフの体《からだ》と心《こころ》がボロボロになって、いつかつぶれてしまうかもしれない……。でも、私《わたし》たちがうけいれをことわれば、その子《こ》たちの行《ゆ》き場《ば》がなくなってしまう……」

（※）団体譲渡《だんたいじょうと》＝行政施設《ぎょうせいしせつ》に収容《しゅうよう》された犬猫《いぬねこ》を、あらたな飼《か》い主《ぬし》に譲渡《じょうと》することを条件《じょうけん》に、ボランティア団体《だんたい》にひきわたす制度《せいど》。

そんな、ギリギリの状態《じょうたい》にいたときのことです。思《おも》いもかけない〝助《すけ》っ人《と》〟があらわれました。

〝助《すけ》っ人《と》〟の名《な》は、後藤隆一郎《ごとうりゅういちろう》さん。

梅崎《うめざき》さんがセンターでのボランティア活動《かつどう》をはじめてから、約《やく》2年《ねん》がすぎた2009年《ねん》4月《がつ》――後藤《ごとう》さんは獣医師《じゅういし》として、センターではたらきはじめました。

『大好《だいす》きな犬《いぬ》やネコの命《いのち》を、ひとつでも多《おお》く助《たす》けたい――』

と、日々《ひび》、捨《す》てられたりケガをしたりして運《はこ》びこまれる動物《どうぶつ》たちのお世話《せわ》に力《ちから》をそそいでいた後藤《ごとう》さん。

「〝赤《あか》ちゃんネコがはいってきた場合《ばあい》は、梅崎《うめざき》さんにひきとってもらう〟という流《なが》れができていましたので、ぼくも最初《さいしょ》は、とうぜんのように、そうしていました」

夕方《ゆうがた》になると毎日《まいにち》のようにセンターにやってきては、赤《あか》ちゃんネコの頭数《とうすう》や

ケガをしてセンターに運《はこ》びこまれたネコのお世話《せわ》をする後藤《ごとう》さん。

健康状態《けんこうじょうたい》を確認《かくにん》し、「この子《こ》は◯◯さんのおたく、この子《こ》は△△さんのおたくへ、この子《こ》は動物病院《どうぶつびょういん》で治療《ちりょう》を……」と、ふりわけを考《かんが》えながら車《くるま》にのせ、大急《おおいそ》ぎでセンターをあとにする梅崎《うめざき》さん。

梅崎《うめざき》さんが弱音《よわね》をはくことはありませんでしたが、そのせっぱつまった表情《ひょうじょう》を見《み》ていた後藤《ごとう》さんは、思《おも》いました。

「きっと、あずかり先《さき》のご家庭《かてい》は、赤《あか》ちゃんネコであふれ、これ以上《いじょう》、手《て》がまわらない状態《じょうたい》になっているにちがいない……。なにか、力《ちから》になれることはないだろうか」

そう考《かんが》えた後藤《ごとう》さんは、5月《がつ》の連休《れんきゅう》をまえに、ある決心《けっしん》をします。

「ぼくが、梅崎《うめざき》さんのかわりに、赤《あか》ちゃんネコを家《いえ》につれて帰《かえ》ってみよう！」

獣医師《じゅういし》の資格《しかく》を持《も》つ後藤《ごとう》さんですが、じつはそれまで、赤《あか》ちゃんネコを育《そだ》てた経験《けいけん》はありませんでした。

「自分《じぶん》だけでお世話《せわ》するのだと、ちょっと自信《じしん》がなかったんですが、ぼくの奥《おく》さんが赤《あか》ちゃんネコを育《そだ》てたことがあったので、アドバイスをもらいながらやれば、なんとかなるだろうと。連休中《れんきゅうちゅう》は自分《じぶん》も仕事《しごと》が休《やす》みなので、つきっきりでお世話《せわ》できるし、ちょうどいいタイミングだと思《おも》ったんです」

そんな後藤《ごとう》さんの思《おも》いを聞《き》かされたときの梅崎《うめざき》さんはというと――

「『え!? 手伝《てつだ》ってくれるの!? 勤務時間外《きんむじかんがい》に、家《いえ》につれて帰《かえ》ってまで、お世《せ》話《わ》してくれるの!?』と、正直《しょうじき》ビックリしましたが、とてもうれしかったですね。と同時《どうじ》に、『これであずかりボランティアさんの負担《ふたん》を軽《かる》くできる……』と、ホッとしたのを覚《おぼ》えています」

そうと決《き》まれば〝善《ぜん》は急《いそ》げ〟。

さっそく、ゴールデンウィーク中《ちゅう》に2頭《とう》の赤《あか》ちゃんネコをつれて帰《かえ》ることにしました。

「ほかの職員《しょくいん》たちは、ぼくがつれて帰《かえ》ると言《い》いだしたことにおどろきながらも『がんばって!!』とおうえんしてくれました。梅崎《うめざき》さんからも、ミルクのあげかたや排泄《はいせつ》のさせかたなどアドバイスをもらい、『なにか心配《しんぱい》なことがあったら、いつでも電話《でんわ》してきてね！』と言《い》っていただいたので、とても心強《こころづよ》かったです。やっているうちに、だんだん要領《ようりょう》がわかってくると、『これなら自分《じぶん》にもできるな！』と思《おも》えました」

ゴールデンウィークがあけてからは、朝《あさ》、赤《あか》ちゃんネコをセンターにつれてきて、勤務時間中《きんむじかんちゅう》はセンターでお世話《せわ》。夜《よる》、仕事《しごと》がおわったら、家《いえ》につれて帰《かえ》って、家《いえ》でお世話《せわ》……そんな生活《せいかつ》をくりかえし、ぶじ、離乳《りにゅう》が完了《かんりょう》。

その後《ご》は、２頭《とう》ともあたらしい飼《か》い主《ぬし》さんにもらわれ、幸《しあわ》せな猫生《ねこせい》を歩《あゆ》みはじめました。

お世話《せわ》した赤《あか》ちゃんネコに、あたらしい家族《かぞく》を見《み》つけることができた後藤《ごとう》さんは、思《おも》いきって、まわりの職員《しょくいん》にも呼《よ》びかけてみることにしました。

「事務所《じむしょ》で、『だれか、赤《あか》ちゃんネコをつれて帰《かえ》れる人《ひと》いませんか～』と声《こえ》をかけたら、『自分《じぶん》もやってみたい』と手《て》をあげてくれる職員《しょくいん》が、何人《なんにん》かいたんです。そこから少《すこ》しずつ、ぼくらがひきうける赤《あか》ちゃんネコの数《かず》が増《ふ》えていきました。その後《ご》、だんだんと、健康《けんこう》に問題《もんだい》のない赤《あか》ちゃんネコはセンター職員《しょくいん》の担当《たんとう》、『チームにゃわん』さんには、弱《よわ》っているネコや負傷猫《ふしょうねこ》など、家庭《かてい》や動物病院《どうぶつびょういん》での手《て》あつい治療《ちりょう》や看護《かんご》が必要《ひつよう》な子《こ》をあずかってもらう……という役《やく》割分担《わりぶんたん》ができていったんです」

その分担《ぶんたん》について、梅崎《うめざき》さんは――

「いちどにあずかる頭数《とうすう》が減《へ》ったぶん、私《わたし》たちの負担《ふたん》は軽《かる》くなりました。それと同時《どうじ》に、これまでは安楽死《あんらくし》させるしかなかったような重症《じゅうしょう》の子《こ》も、私《わたし》たちがひきうけてあげられるようになったのは大《おお》きな成果《せいか》です」

こうして、センター職員《しょくいん》とチームにゃわんの連携《れんけい》プレーで、さらに〝すくえる命《いのち》〟は増《ふ》えていきました。

ナナちゃんの
調子《ちょうし》はどう？

みんな
やさしいから
幸《しあわ》せニャ〜♪

チームにゃわんの“ナイチンゲール”と呼《よ》ばれる、藤野奈《ふじのな》緒美《おみ》さん（写真左《しゃしんひだり》）宅《たく》にて。ケガの治療《ちりょう》と看護《かんご》をうけながら、あらたな飼《か》い主《ぬし》さんがあらわれるのをまっているネコたち。上《うえ》／ナナちゃん　左《ひだり》／ママちゃん　右下《みぎした》／ペコちゃん

4 ミルクボランティア制度《せいど》の誕生《たんじょう》!

すくわれる命《いのち》が増《ふ》えたいっぽうで、センターに持《も》ちこまれる子猫《こねこ》の数《かず》は、なかなか減《へ》りませんでした。

後藤《ごとう》さんをはじめ、赤《あか》ちゃんネコを自宅《じたく》でお世話《せわ》する職員一人《しょくいんひとり》ひとりへの負《ふ》担《たん》も、しだいに大《おお》きなものになってきました。

「3、4人《にん》の職員《しょくいん》で手《て》わけしていたんですが、多《おお》いときは、ひとりで5、6頭《とう》はつれて帰《かえ》っていました。いちばんハードだったのは、2012年《ねん》のゴールデンウィーク。ぼくひとりで30頭《とう》ぐらいつれて帰《かえ》ることになり、連休中《れんきゅうちゅう》は、ほとんど睡眠《すいみん》もとらず、赤《あか》ちゃんネコのお世話《せわ》にかかりっきりでした。ケージのふきそうじをし、寝床《ねどこ》をととのえ……赤《あか》ちゃんネコのお世話《せわ》って、中腰《ちゅうごし》になって動《うご》くことが多《おお》いんですが、そのせいか、連休明《れんきゅうあ》けの朝《あさ》、ギックリ腰《ごし》になってしまったんです。立《た》ちあがることもできないので、ほかの職員《しょくいん》に赤《あか》ちゃんネコのお世話《せわ》をかわってもらうため、家《いえ》までひきとりに来《き》てもらい、その後《ご》、何日《なんにち》か仕事《しごと》を休《やす》むはめになってしまいました……」

そのとき、もうひとつ、後藤《ごとう》さんにとってショックなことが起《お》きました。

「お世話《せわ》していた子猫《こねこ》たちが、下痢《げり》をするようになったんです。検査《けんさ》すると、〝コクシジウム〟という寄生虫《きせいちゅう》がおなかにいることがわかりました。これは、ネコ同士《どうし》で感染《かんせん》する病気《びょうき》。むりしてひとりでたくさんのネコをつれて帰《かえ》ったことが原因《げんいん》になってしまったのではと、くやみました」

そんな後藤《ごとう》さんにはさらにひとつ、心配《しんぱい》なことがありました。それは、『今《いま》、赤《あか》ちゃんネコのお世話《せわ》をしている職員《しょくいん》が、いつまでもこのセンターにいるとはかぎらない』ということ。

センターの職員《しょくいん》は〝公務員《こうむいん》〟です。公務員《こうむいん》には〝人事異動《じんじいどう》〟という制度《せいど》があり、何年《なんねん》かに一度《いちど》、別《べつ》の職場《しょくば》にうつらなければなりません。

「自分《じぶん》たちがこのセンターを去《さ》ったあとも、今《いま》と同《おな》じように赤《あか》ちゃんネコをすくいつづけられる保証《ほしょう》はどこにもない。今後《こんご》、もしも、自宅《じたく》につれて帰《かえ》ることができない職員《しょくいん》ばかりになってしまったら……」

なやんだ後藤《ごとう》さんは、そのことをまわりの職員《しょくいん》にも相談《そうだん》してみることにしました。

すると、ある職員《しょくいん》から、

「一般市民《いっぱんしみん》を対象《たいしょう》に『ミルクボランティア』をつのってみてはどうでしょう?」

というアイデアが出《で》てきました。

『ミルクボランティア』とは、赤《あか》ちゃんネコが離乳《りにゅう》するまでのあいだ、自宅《じたく》であずかって、授乳《じゅにゅう》や排泄《はいせつ》などのお世話《せわ》をする活動《かつどう》のことです。

「熊本市民《くまもとしみん》のみなさんに、ボランティアとして登録《とうろく》してもらい、赤《あか》ちゃんネコのお世話《せわ》を手伝《てつだ》ってもらっては？」

そのアイデアを出《だ》したのは、大学《だいがく》を卒業《そつぎょう》してすぐ、2013年《ねん》からセンターではたらきはじめた、獣医師《じゅういし》の長野太輔《ながのだいすけ》さん。自身《じしん》も、センターにいる赤《あか》ちゃんネコのお世話《せわ》ボランティアをしていた長野《ながの》さんは考《かんが》えました。

「ミルクボランティアとしてかかわってもらうことで、どれほど多《おお》くの子猫《こねこ》が捨《す》てられているのか、子猫《こねこ》の命《いのち》を守《まも》るためにはどうしたらいいのかを、一般《いっぱん》の方《かた》たちに知《し》ってもらうきっかけにもしたい。そして、いずれは、ここへはいってくるネコが減《へ》ってくれれば――」

長野《ながの》さんの提案《ていあん》を聞《き》いた職員《しょくいん》の中《なか》からは、賛成意見《さんせいいけん》も出《で》れば、『ボランティアさんに大《おお》きな負担《ふたん》をかけてしまうのでは……』『信頼《しんらい》して赤《あか》ちゃんネコをあずけられる人《ひと》が応募《おうぼ》してくれるかどうか……』など、さまざまな〝心配意見《しんぱいいけん》〟も出《だ》され、すぐには実現《じつげん》しませんでした。

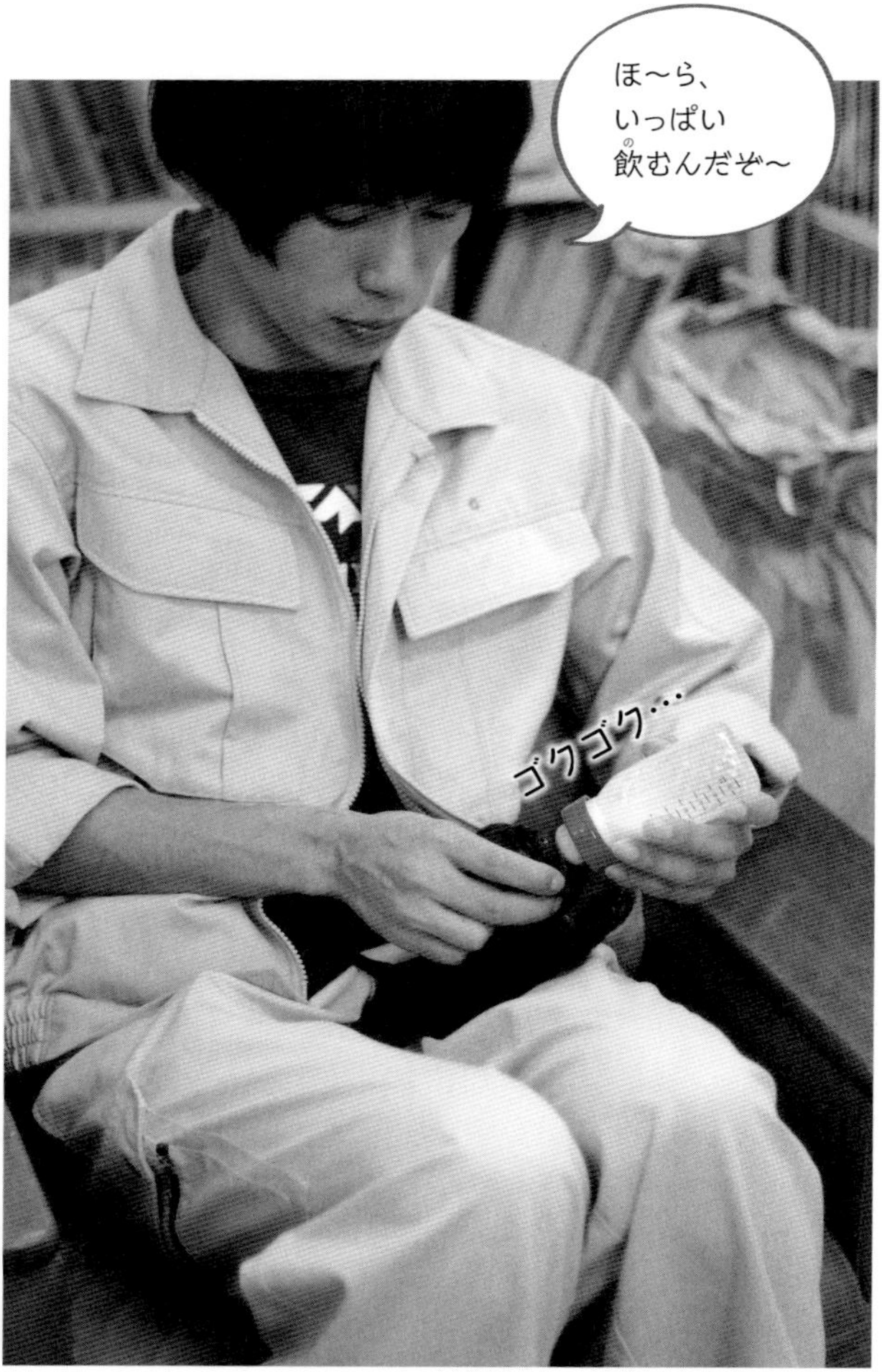

センターに持《も》ちこまれた乳飲《ちの》み子《こ》のお世話《せわ》をする、獣医師《じゅういし》の長野《ながの》さん。

そんななか、ある〝出会《であ》い〟をきっかけに、『ミルクボランティア公募《こうぼ》（※1）』への扉《とびら》がひらくこととなります――。

２０１３年《ねん》11月《がつ》28日《にち》、寮《りょう》（※2）で生活《せいかつ》しながら熊本市立《くまもとしりつ》京陵中学校《けいりょうちゅうがっこう》清水《しみず》が丘《おか》分校《ぶんこう》にかよう生徒《せいと》たち９名《めい》と、先生方《せんせいがた》10名《めい》が、『ふれあい訪問教室《ほうもんきょうしつ》』に参加《さんか》するため、センターをおとずれました。

『ふれあい訪問教室《ほうもんきょうしつ》』とは、動物愛護《どうぶつあいご》センター職員《しょくいん》が、〝不幸《ふこう》な犬猫《いぬねこ》を減《へ》らす〟ことを目的《もくてき》として、熊本市内《くまもとしない》の小中学生《しょうちゅうがくせい》を対象《たいしょう》におこなっている啓発《けいはつ》（※3）事業《じぎょう》です。

（※1）公募《こうぼ》＝ひろく一般《いっぱん》から募集《ぼしゅう》すること。
（※2）寮《りょう》＝熊本県立《くまもとけんりつ》清水《しみず》が丘学園《おかがくえん》の寮《りょう》。（『寮《りょう》』とは生徒《せいと》が親《おや》もとをはなれて共同生活《きょうどうせいかつ》する住居《じゅうきょ》）
（※3）啓発《けいはつ》＝人《ひと》が気《き》づかずにいるたいせつなことを教《おし》えしめして、ふかい理解《りかい》にみちびくこと。

「生徒《せいと》たちは、センターの仕事《しごと》や、捨《す》てられる犬《いぬ》やネコについての話《はなし》を、とても熱心《ねっしん》に聞《き》いていました。その後《ご》、センターにいる、障《しょう》がいのあるワンちゃんとふれあわせてもらったんですが、みんな、いやがりもせず、なでてみたり、だっこしてみたりしていました」

とは、この『ふれあい訪問教室《ほうもんきょうしつ》』を計画《けいかく》した小松千歳先生《こまつちとせせんせい》。

「ペットを飼《か》ったことがなく、おっかなびっくりで、最初《さいしょ》は『ぜったいさわらん！』って言《い》ってた子《こ》が、じっさいにワンちゃんやネコちゃんとふれあううちに、自然《しぜん》と笑顔《えがお》になって、最後《さいご》はふつうにさわれるようになったり……。その変化《へんか》には、私《わたし》たちもおどろきました。なかには『私《わたし》も、動物《どうぶつ》を育《そだ》ててみたいなぁ！』と言《い》いだす子《こ》もいました」

そんな生徒《せいと》たちのようすを見《み》た小松先生《こまつせんせい》は、その後《ご》、長野《ながの》さんたち職員《しょくいん》に、こう伝《つた》えます。

「今回《こんかい》、生徒《せいと》たちは、命《いのち》の尊《とうと》さや、飼《か》い主《ぬし》の責任《せきにん》について、おおいに学《まな》び、実《じっ》感《かん》することができました。ぜひ、また来《こ》させてください。そのほかにも、生徒《せいと》たちが動物《どうぶつ》とかかわれる機会《きかい》があれば教《おし》えてください！」

それを聞《き》いた長野《ながの》さんたちはひらめきました。

《ミルクボランティアさん第《だい》一号《ごう》として、清《し》水《みず》が丘《おか》分校《ぶんこう》のみんなに協力《きょうりょく》してもらってはどうだろう――》

そこでさっそく、小松先生《こまつせんせい》に相談《そうだん》をもちかけました。すると先生《せんせい》からは、「生徒《せいと》たちにとっても、かけがえのない体験《たいけん》になるはずです！　ぜひぜひ、協力《きょうりょく》させてください」との、うれしいお返事《へんじ》が。

センター内《ない》でひらかれた『ふれあい訪問教室《ほうもんきょうしつ》』にて。長野《ながの》さんの話《はなし》に耳《みみ》をかたむける生徒《せいと》たち。（p55-61 写真提供《しゃしんていきょう》／熊本市立京陵中学校《くまもとしりつけいりょうちゅうがっこう》 清水《しみず》が丘分校《おかぶんこう》）

それから約半年後《やくはんとしご》の、2014年《ねん》5月《がつ》。2頭《とう》の赤《あか》ちゃんネコ『ジョー』と『みなみ』を、清水《しみず》が丘分校《おかぶんこう》にあずけることになりました。

お世話《せわ》を担当《たんとう》するのは、寮《りょう》で暮《く》らす生徒《せいと》たちと、彼《かれ》らと生活《せいかつ》をともにする先生《せんせい》や職員《しょくいん》たち。

ミルクのあたえかたや排泄《はいせつ》のさせかたなど、赤《あか》ちゃんネコのお世話《せわ》のしかたはすべて、長野《ながの》さんたちセンター職員《しょくいん》が手《て》とり足《あし》とり伝授《でんじゅ》しました。

「学校《がっこう》では私《わたし》が、寮《りょう》では宿直《しゅくちょく》の職員《しょくいん》がこうたいでようすを見守《みまも》りながら、生徒《せいと》が中心《ちゅうしん》となって、お世話《せわ》をしました。4時間《じかん》おきのミルクと排泄《はいせつ》が必要《ひつよう》でしたので、朝起《あさお》きてすぐ、お昼《ひる》まえ、夕方《ゆうがた》、寝《ね》るまえ……と、時間《じかん》を決《き》めてとりくみました。遊《あそ》ぶ時間《じかん》や自由時間《じゆうじかん》が少《すく》なくなったり、寝《ね》る時間《じかん》が遅《おそ》くなったりするのですが、不満《ふまん》を口《くち》にすることなく、最後《さいご》までやりとげてくれました。朝《あさ》は子猫《こねこ》のはいったキャリーバッグを持《も》って登校《とうこう》し、授業《じゅぎょう》のあいまにお世話《せわ》。寮《りょう》では子猫《こねこ》をずーっとひざの上《うえ》にのせてなでながらテレビを見《み》ている子《こ》がいたり

歩《ある》いた
歩《ある》いた！
かわいい～♡
おいで、
おいで～♪

今日《きょう》から
よろしくな！
こちらこそ
ニャ～♪

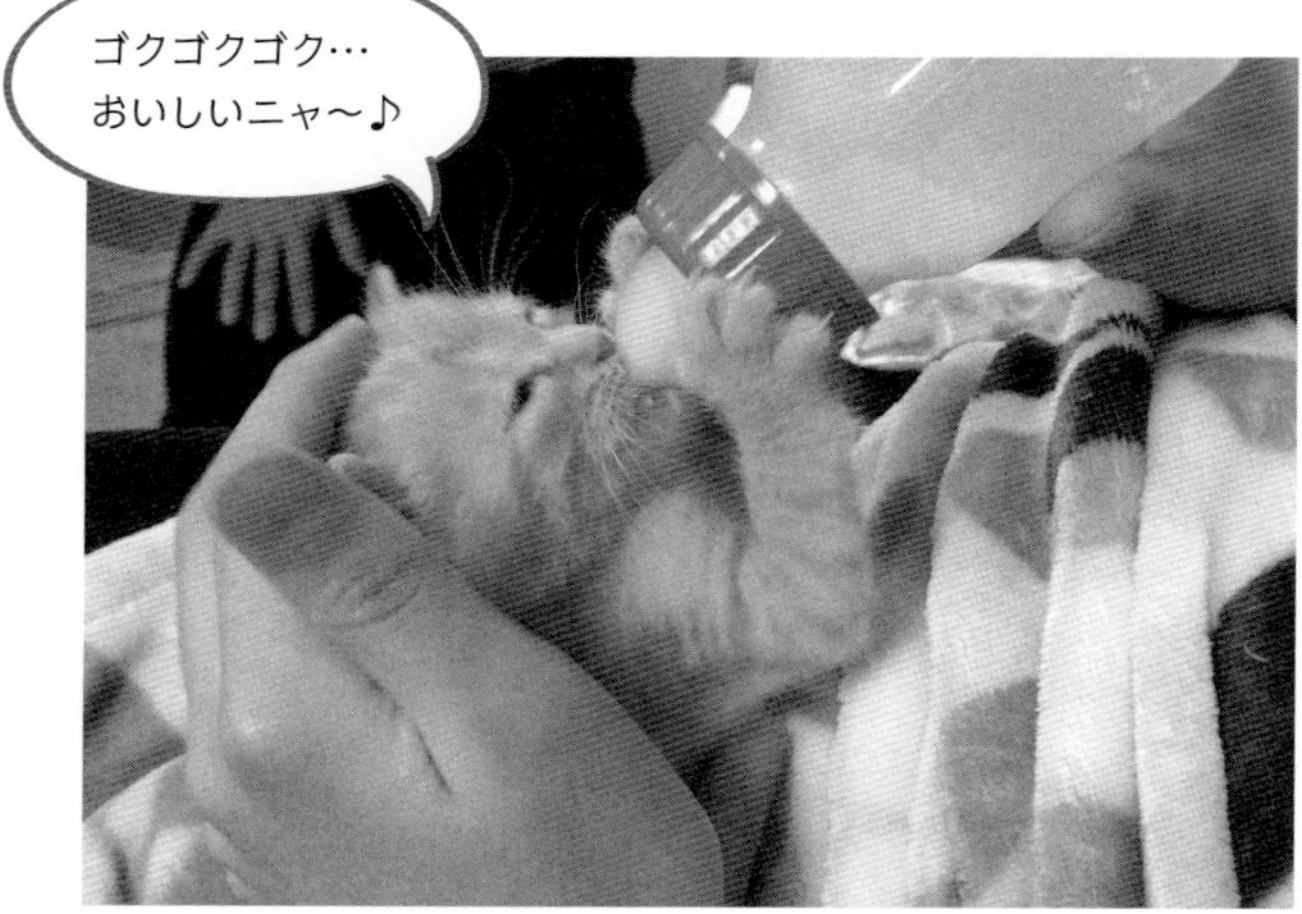
ゴクゴクゴク…
おいしいニャ～♪

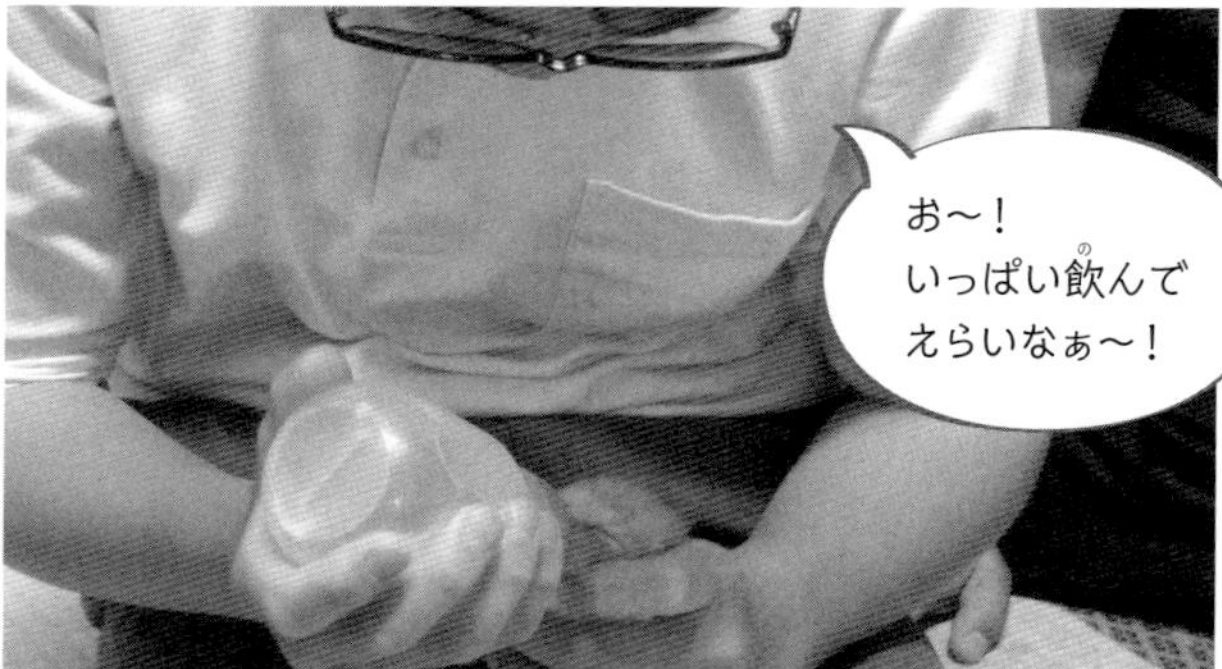
お～！
いっぱい飲《の》んで
えらいなぁ～！

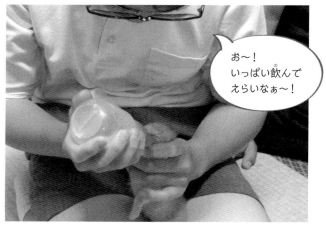

——本当《ほんとう》の家族《かぞく》みたいになっていました。赤《あか》ちゃんネコを育《そだ》てながら、生徒《せいと》たちの〝やさしい気持《きも》ち〟も、グングン育《そだ》っていくのがわかりました。ただ『かわいい～』だけでは、動物《どうぶつ》は飼《か》えないということ。きたないときや面倒《めんどう》くさいとき、言《い》うことをきかないときもあるけど、愛情《あいじょう》をもって育《そだ》てたら、こんなにも愛《いと》しい存在《そんざい》になるっていうこと——。短《みじか》い期間《きかん》ではありましたが、責任《せきにん》をもって命《いのち》を育《そだ》てることのたいせつさを学《まな》べる、きちょうな機会《きかい》になりました」

そして、生徒《せいと》たちの愛情《あいじょう》をいっぱいにうけながら2頭《とう》はスクスクと健康《けんこう》に育《そだ》ち、あずかってから1カ月後《げつご》の2014年《ねん》6月《がつ》、ぶじに離乳《りにゅう》が完了《かんりょう》。元気《げんき》なすがたで、センターへともどっていきました。

そのようすを見《み》て、それまでボランティアの公募《こうぼ》にたいして〝慎重派《しんちょうは》〟だった職員《しょくいん》も、「育《そだ》てかたさえちゃんとアドバイスすれば、一般市民《いっぱんしみん》の方《かた》におまかせしても大丈夫《だいじょうぶ》だろう」と考《かんが》えるようになりました。

『ぼくたちに、赤《あか》ちゃんネコのお世話《せわ》をさせてくださって、本当《ほんとう》にありがとうございました。おかげで、命《いのち》のたいせつさや、ミルクのやりかたなどを、じっくりと知《し》ることができました』

『最初《さいしょ》に子猫《こねこ》が来《き》たときは、ミャーミャーと鳴《な》いていて、よたよた歩《ある》いていて、ミルクも30分《ぷん》ぐらいかかって、大変《たいへん》でした。でも、日《ひ》に日《ひ》に大《おお》きくなっていって、自分《じぶん》が楽《たの》しくなってきて、遊《あそ》び道具《どうぐ》をつくって遊《あそ》んだり、いっしょに寝《ね》たり、いっしょに話《はな》せて、短《みじか》いあいだだったけど、家族《かぞく》になれました』

『このミルクボランティアで、自分《じぶん》が飼《か》うと決《き》めた動物《どうぶつ》は、その子《こ》が死《し》ぬまでやさしく育《そだ》てようと、心《こころ》に決《き》めました。ぼくが育《そだ》てた2匹《ひき》には、幸《しあわ》せになってほしいです』

オシッコ…
でるかな？
でたでた♪

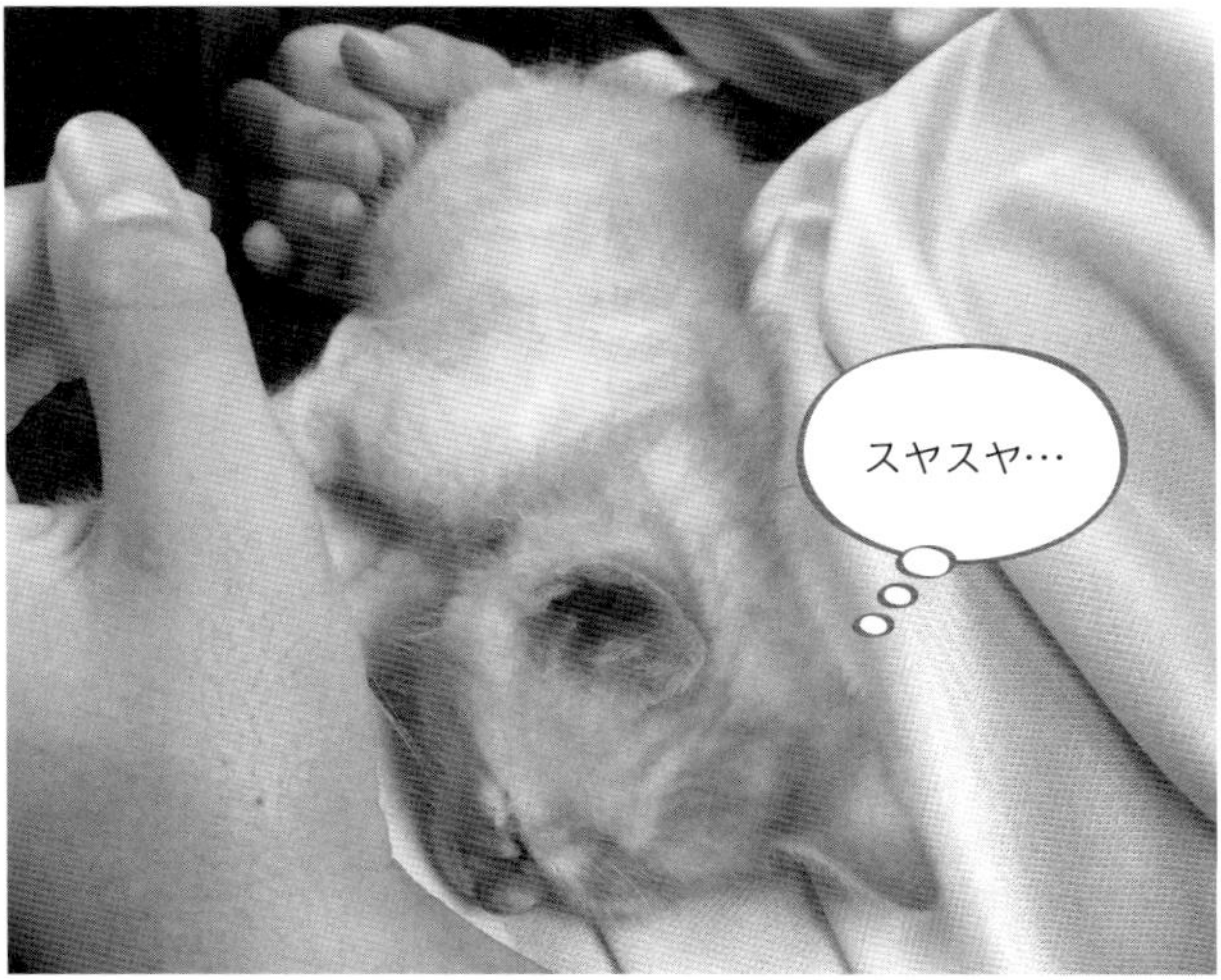
スヤスヤ…

その結果《けっか》、電話《でんわ》で応募《おうぼ》してきた人《ひと》たちのうちの約半数《やくはんすう》は、残念《ざんねん》ながら条件《じょうけん》に合《あ》いませんでした。のこった10組《くみ》の人《ひと》たちが、第《だい》一回《かい》『ミルクボランティア説明会《せつめいかい》』に参加《さんか》。さらに2回《かい》の説明会《せつめいかい》がひらかれ、その後《ご》、職員《しょくいん》による『家庭訪問《かていほうもん》』がおこなわれました。

そうして、子猫《こねこ》のあずけ先《さき》として問題《もんだい》ないと判断《はんだん》された計《けい》13組《くみ》の家族《かぞく》が、ミルクボランティアとして登録《とうろく》しました。

２０１５年《ねん》の４月《がつ》から８月《がつ》までの間《あいだ》に、センターに収容《しゅうよう》された赤《あか》ちゃんネコのうち、22頭《とう》が市民《しみん》ボランティアのもとで育《そだ》てられ、離乳後《りにゅうご》、ぶじにセンターへと帰《かえ》ってきたのでした。

じっさい、赤《あか》ちゃんネコたちは、どんなふうにお世話《せわ》してもらっているのだろう――。そう思《おも》った私《わたし》は、長野《ながの》さんにお願《ねが》いして、センター職員《しょくいん》さんとミルクボランティアさんのお仕事《しごと》ぶりを取材《しゅざい》させていただくことにしました。

「ミルクボランティア」募集のお知らせ

～仔犬・仔猫の一時預かりボランティア～

熊本市動物愛護センターでは、保護された幼弱な仔犬・仔猫をご家庭で一時預かりして頂ける「ミルクボランティア」を募集中です。預かって頂いた動物は譲渡に適した状態になったら、センターにお返し頂いた後、新しい飼い主に譲渡されます。

日時:　ミルクボランティア説明会

2月23日(火)　14:00 ～ 16:00

※ボランティアへの登録をご希望の方は必ず説明会を受講してください。

場所:　熊本市動物愛護センター

申し込み:必ず事前にお電話にてお申込みください。

TEL :096-380-2153 (平日8:30～17:15)担当:長野

＜ 預かっていただく仔犬・仔猫 ＞

センターに保護されている授乳期の仔犬・仔猫。
(およそ生後1週齢～5週齢)
一度に預かって頂く頭数は、基本的には兄弟の2～4頭です。

＜ 預かっていただく期間 ＞

平均1ヶ月間(2～6週間)
自力でドライフードを食べることができる、およそ生後45日齢頃まで。

＜ 必要なお世話 ＞

・最低一日4回のミルクやり(4～5時間おき)
・排泄の補助(ウェットティッシュでおしりを刺激する)
・体温の保持(動物用のヒーター等を使う)
・体が汚れたら洗ってあげる
・健康観察

※必要な最低限の物資(ミルク、哺乳瓶、ペットシーツ、ヒーターなど)は貸し出しますが、ボランティアさんのご負担でそろえて頂く物もあります。

ボランティアの方にお願いする条件

□原則、終日動物のお世話が可能なこと。
□ペット可の物件にお住まいであること。
□動物を適正に飼える環境にあること(家族に動物アレルギーの方がいない等)。
□健康確認のため、週に一回、愛護センターへ仔犬・仔猫を連れて来ていただくこと。
□自らが動物を預かり育てること(一時的にでも第三者へ預けることはできません)。
□家で動物を飼っている場合、ワクチン接種等の感染症予防が済んでいること。
□離乳が終わったら、動物を愛護センターに返却していただくこと。

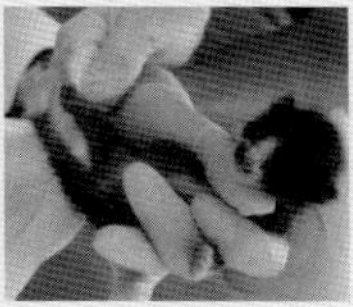

【お問い合わせ先】
熊本市動物愛護センター　TEL:096-380-2153　東区小山2丁目11－1 (平日8:30～17:15)

ミルクボランティア募集《ぼしゅう》のチラシ

5 いのちを守《まも》る！ 職員《しょくいん》さんの仕事《しごと》

朝《あさ》、8時《じ》ころ。キャリーバッグを持《も》って車《くるま》からおり、事務所《じむしょ》のほうへ歩《ある》いていくひとりの女性《じょせい》がいました。

「今《いま》、私《わたし》がお世話《せわ》している赤《あか》ちゃんネコなんですよ〜」

溝端菜穂子《みぞばたなおこ》さん――センターではたらきはじめて3年目《ねんめ》の獣医《じゅうい》さんです。長野《ながの》さんとともに、『ミルクボランティア公募《こうぼ》』の実現《じつげん》にむけて力《ちから》をそそいでいたおひとりでもあります。

その後《ご》も、何人《なんにん》かの職員《しょくいん》がキャリーバッグをかかえて、ニコニコ笑顔《えがお》でご出勤《しゅっきん》。私《わたし》はこれまで約《やく》20年《ねん》にわたって、いくつもの動物収容施設《どうぶつしゅうようしせつ》を取材《しゅざい》してきましたが、こんな光景《こうけい》を目《め》にするのははじめてのことでした。

センターと自宅《じたく》でお世話《せわ》している赤《あか》ちゃんネコ（２頭《とう》）をつれて出勤《しゅっきん》する、獣医師《じゅういし》の溝端《みぞばた》さん。

ほかの施設《しせつ》を取材《しゅざい》させていただくなかでは、思《おも》わず目《め》をそむけたくなるような場面《ばめん》に出《で》くわすことも——。

収容《しゅうよう》された赤《あか》ちゃんネコは、まるでゴミのように麻袋《あさぶくろ》の中《なか》にほうりこまれ、ガス室《しつ》で殺処分《さつしょぶん》されました。ケージがひどくよごれていたり、体調《たいちょう》が悪《わる》くても治療《ちりょう》をしてもらえなかったり、職員《しょくいん》がいない休日《きゅうじつ》は、そのまま放置《ほうち》されてしまうことも……。収容《しゅうよう》スペースに冷暖房《れいだんぼう》はなく、夏《なつ》は酷暑《こくしょ》、冬《ふゆ》は極寒《ごっかん》という過酷《かこく》な環境《かんきょう》におかれていることも少《すく》なくありませんでした。

いっぽう、このセンターのネコたちが暮《く》らす部屋《へや》は冷暖房完備《れいだんぼうかんび》。ケージの中《なか》は清潔《せいけつ》そのもの。休日《きゅうじつ》も職員《しょくいん》がこうたいで出勤《しゅっきん》し、ネコたちのお世話《せわ》をしているといいます。

ここのネコたちの命《いのち》は、とてもたいせつにあつかわれている、ということが、よくわかりました。

ここは
快適《かいてき》ニャ〜♪

朝《あさ》の仕事《しごと》は、職員全員《しょくいんぜんいん》での〝朝礼《ちょうれい》〟からスタートします。

それがおわると、8時《じ》30分《ぷん》ころから、大《おお》そうじ。

センターの職員《しょくいん》は、『獣医《じゅうい》』『業務《ぎょうむ》』『事務《じむ》』の3つの職種《しょくしゅ》にわかれていて、ネコのお世話《せわ》は獣医職《じゅういしょく》の担当《たんとう》。

部屋《へや》の床《ゆか》やケージのそうじ機《き》がけに、食器《しょっき》やトイレの水洗《みずあら》いと殺菌消毒《さっきんしょうどく》、寝《ね》床《どこ》となる毛布《もうふ》やタオルのこうかんや洗濯《せんたく》などなど……職員《しょくいん》みんなで力《ちから》を合《あ》わせておこなうのです。

セッセ
セッセ
きれいに
してあげる
からね～
テキパキ
テキパキ

ちょっと
ごめんね〜
ニャンだ
ニャンだ !?

⬇ネコの食器《しょっき》やトイレの洗浄《せんじょう》＆消毒《しょうどく》をする後藤《ごとう》さん。

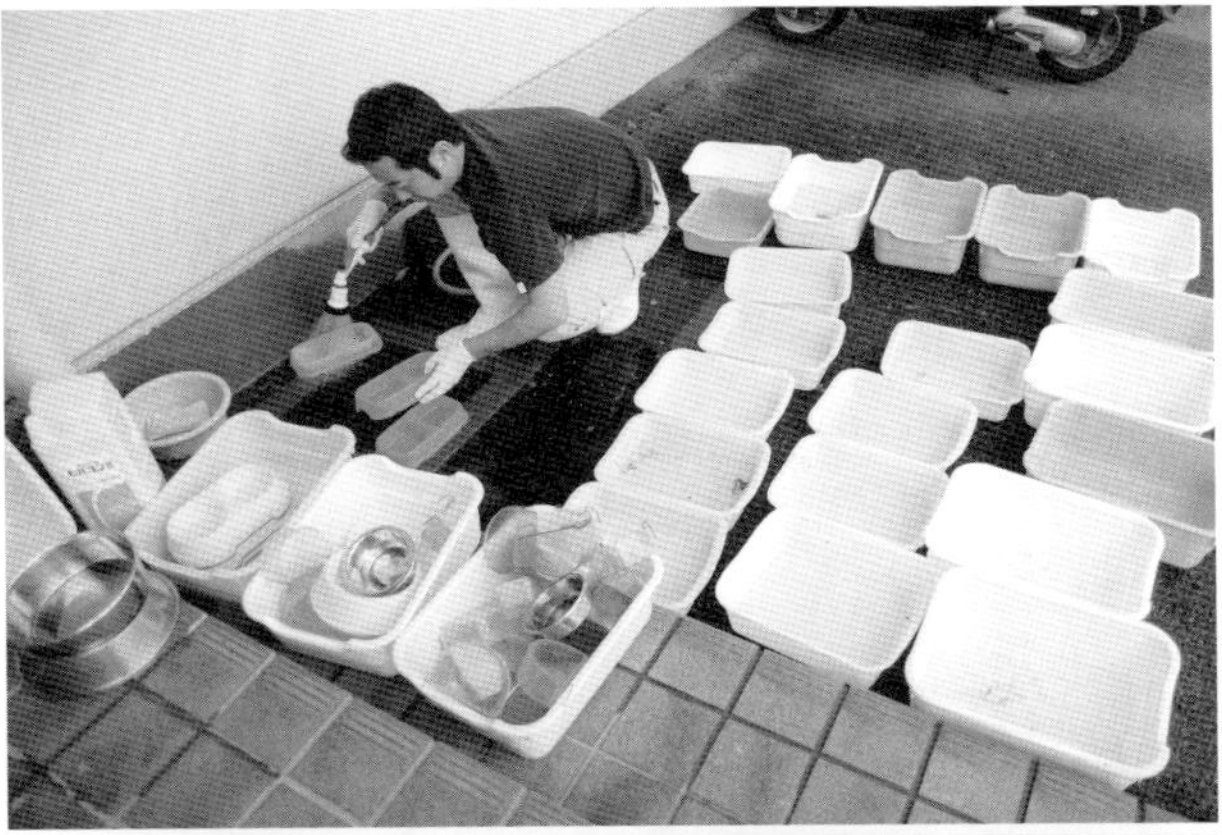

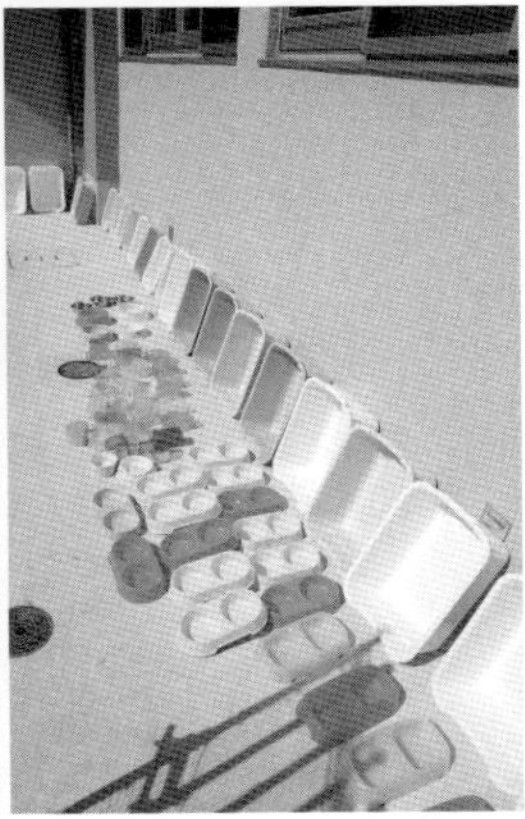

⬆ピカピカになった食器《しょっき》やトイレやケージは、天日干《てんぴぼ》しで、さらに日光消毒《にっこうしょうどく》。

⬅すっきりかわいたものは、明日《あした》のためにスタンバイ！

朝《あさ》のそうじやお世話《せわ》にかかる時間《じかん》は、時期《じき》によってまちまち。

「ネコの収容頭数《しゅうようとうすう》が少《すく》ない冬場《ふゆば》は1時間《じかん》ぐらいでおわりますが、春《はる》から秋《あき》にかけては2、3時間《じかん》かかってしまうことも――」

毛布《もうふ》やシーツやタオルも、洗濯《せんたく》して天日干《てんぴぼ》し。「市民《しみん》のみなさんからの寄付《きふ》のおかげで、いつもキレイな寝床《ねどこ》をつくってあげられます」と溝端《みぞばた》さん。

そうじがひととおりおわったら、こんどはネコたちにとっていちばんのお楽《たの》しみ〝食事《しょくじ》タイム〟。

現在《げんざい》、センターに保護収容《ほごしゅうよう》されているネコは94頭《とう》。毎日《まいにち》のフード（食事《しょくじ》）代《だい》だけでも、ぼうだいな費用《ひよう》がかかります。

「フードや毛布《もうふ》などが不足《ふそく》してきたら、チームにゃわんの梅崎《うめざき》さんがブログで寄付《きふ》を呼《よ》びかけてくださるんです。反響《はんきょう》は大《おお》きくて、みなさんからの〝支援物資《しえんぶっし》〟に、ずいぶん助《たす》けられています」

食事《しょくじ》の時間《じかん》は、〝食欲《しょくよく》はあるか〟〝水分《すいぶん》はとれているか〟など、ネコたちの体《たい》調《ちょう》をチェックするためのきちょうな機会《きかい》でもあります。

ネコたちにあたえるフードの一部《いちぶ》も、市民《しみん》からの寄付《きふ》。

おなかをこわしている子《こ》のお水《みず》には、コッソリ（？）整腸《せいちょう》剤《ざい》をとかし、まぜておきます。

左写真《ひだりしゃしん》の上《うえ》が花《はな》ちゃんで下《した》はリンちゃん、右写真《みぎしゃしん》はティべちゃん。センターにいるネコたちには1頭《とう》1頭《とう》、かわいい名前《なまえ》がつけられています。

朝《あさ》ごはん食《た》べたらいつも
ねむたくなるんだニャ～…
おやすみ～

下痢《げり》をしているネコのおなかに寄生虫《きせいちゅう》がいるかどうかをたしかめるため、検便《けんべん》（便《べん》の検査《けんさ》）をする溝端《みぞばた》さん。

ネコたちの朝《あさ》のお世話《せわ》がおわったら、つぎは、体調《たいちょう》の悪《わる》いネコの診察《しんさつ》、治療《ちりょう》、投薬《とうやく》や看護《かんご》など、医療《いりょう》にかかわる業務《ぎょうむ》にとりかかります。

「ネコたちの健康管理《けんこうかんり》と、感染症対策《かんせんしょうたいさく》が、私《わたし》たち獣医師《じゅういし》のいちばんたいせつな仕事《しごと》です」

と溝端《みぞばた》さん。

「ワクチンを早《はや》めに打《う》つなど、ネコ同士《どうし》で病気《びょうき》が感染《かんせん》しないよう、予防《よぼう》にも力《ちから》をいれています」

6 赤《あか》ちゃんネコのお世話《せわ》

朝《あさ》のそうじがいち段落《だんらく》したころ、哺乳瓶《ほにゅうびん》とミルク缶《かん》を手《て》に、スタスタと事務《じむ》所横《しょよこ》の『給湯室《きゅうとうしつ》』にむかうひとりの女性《じょせい》のすがたがありました。

あとを追《お》いかけて、「それは、赤《あか》ちゃんネコのミルクですか？」とたずねる私《わたし》に、「はい。今《いま》から、私《わたし》がお世話《せわ》している2頭《とう》の子猫《こねこ》のミルクタイムなんですよ〜」と笑顔《えがお》でこたえてくれたのは、獣医師《じゅういし》の小田《おだ》めぐみさん。

子猫用《こねこよう》ミルクのつくりかたを、ていねいに説明《せつめい》してくださいました。

会議室《かいぎしつ》では、おなかをすかせた赤《あか》ちゃんたちがまっているのだそうです。

❶まず、人肌《ひとはだ》より
少《すこ》しあたたかいぐらいのお湯《ゆ》を、
子猫用《こねこよう》の哺乳瓶《ほにゅうびん》にいれま～す

❷つぎに、子猫用《こねこよう》の
粉《こな》ミルクをいれます
お湯《ゆ》や粉《こな》ミルクの量《りょう》は、
その子《こ》の体重《たいじゅう》によって
調整《ちょうせい》します

❸あとは、
よーくふって、
粉《こな》ミルクをお湯《ゆ》に
とかします

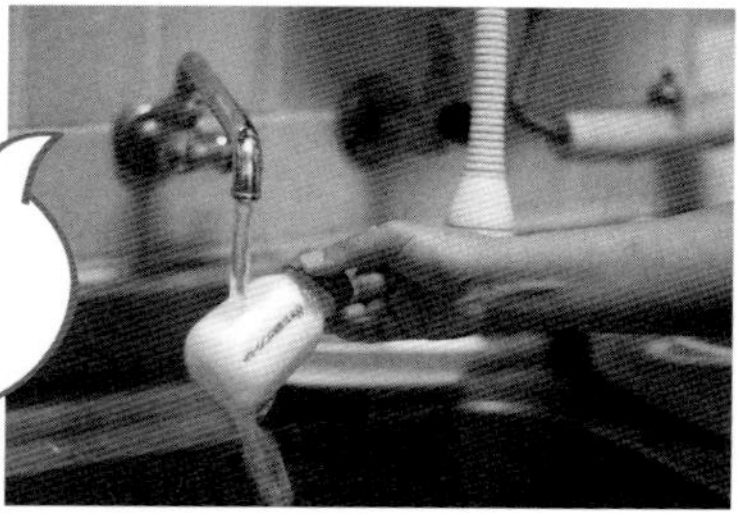
❹最後《さいご》、水道水《すいどうすい》で
人肌《ひとはだ》まで冷《ひ》やして…

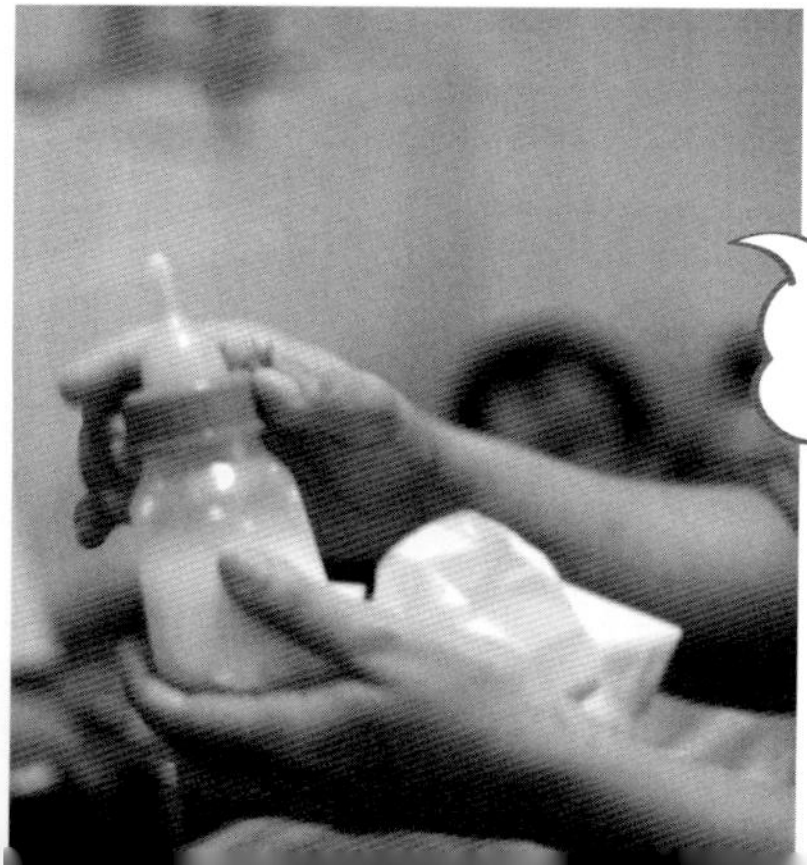
❺できあがり
でーす！

腹《はら》ペコ
ニャ〜！
ミルク
まだ〜？

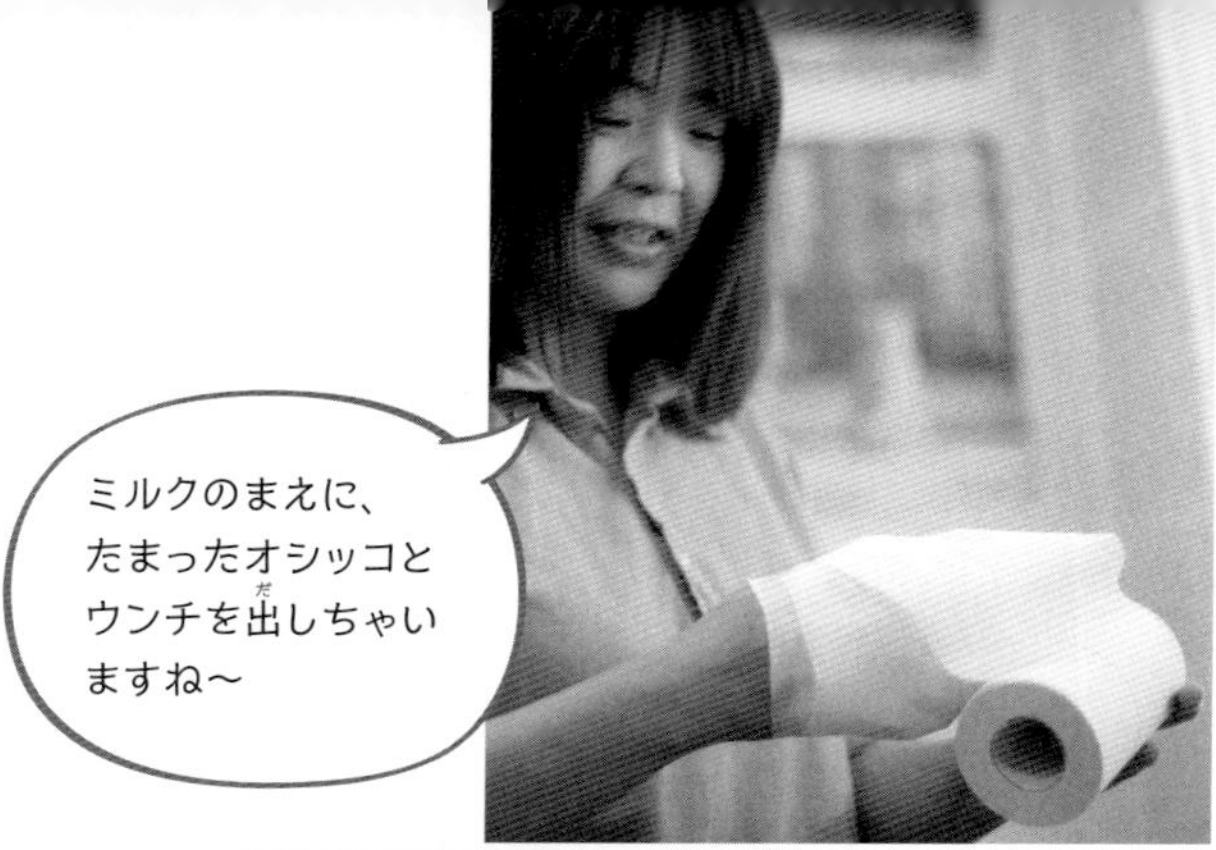
ミルクのまえに、
たまったオシッコと
ウンチを出《だ》しちゃい
ますね～

きもちいい？

ティッシュで
おしりをトントントン～
お母《かあ》さんネコがいたら、
なめて出《だ》して
あげるんですけどネ
あ～、シュッキリ
するニャ～♪

つぎはミルクだよ～
いっぱい飲《の》んでね～

これ、ボクの
ミルク！ だれにも
あげない～！

ング…ング…

「赤《あか》ちゃんネコのお世話《せわ》は、昼間《ひるま》は、どうしても業務《ぎょうむ》の合間《あいま》の作業《さぎょう》になるので、ゆっくりかまってあげられません。それにくらべて、市民《しみん》ボランティアさんにお願《ねが》いした子《こ》たちは、24時間《じかん》、家庭《かてい》での愛情《あいじょう》に満《み》たされて帰《かえ》ってきますので、ポヤ〜ンとしておだやかな雰囲気《ふんいき》があるんです。そんな子猫《こねこ》たちを見《み》るたびに、ミルクボランティアさんに協力《きょうりょく》してもらうようになって、本当《ほんとう》によかったなぁ〜と思《おも》います」

と小田《おだ》さん。

いそがしい業務《ぎょうむ》の合間《あいま》でも、お世話《せわ》のときは、〝お母《かあ》さんの顔《かお》〟になっています。

はぁ〜、
もうまんぷくニャ〜

7 ミルクボランティアさんにバトンタッチ

午後《ごご》2時《じ》。ミルクボランティアさんがやってきました。

「お久《ひさ》しぶりです～！」

「藤井《ふじい》さん、おまちしていました～」

「今回《こんかい》はどんな子《こ》たちですか～？」

「今《いま》、7頭《とう》いるんですが、そのなかの2頭《とう》をお願《ねが》いしようと思《おも》っています」

センター職員《しょくいん》さんともすっかり顔《かお》なじみの藤井優子《ふじいゆうこ》さん（仮名《かめい》）。今回《こんかい》が4回目《かいめ》のミルクボランティア参加《さんか》で、これまでに計《けい》6頭《とう》の赤《あか》ちゃんネコを育《そだ》ててきました。

あいさつがおわるとさっそく、赤《あか》ちゃんネコにご対面《たいめん》です。

ちっちゃーい！
かわいー！
もようはキジトラ
ですね！
この子《こ》たち、
兄妹《きょうだい》なんですよ～

そろそろ、
ミルクの時間《じかん》
なんです
うわ～！
出《で》てきた出《で》てきた！
元気《げんき》いっぱい
ですね～！
おなかすいた
ニャー!!

今回《こんかい》、藤井《ふじい》さんがお世話《せわ》することになったのは、兄妹猫《きょうだいねこ》のアンちゃんとドゥーくん。

2頭《とう》は生後《せいご》2週間《しゅうかん》のときに、空《あ》き地《ち》の横《よこ》のみぞの中《なか》で衰弱《すいじゃく》しているところを市民《しみん》に保護《ほご》され、センターに収容《しゅうよう》されました。

当初《とうしょ》は兄妹《きょうだい》3頭《とう》で保護《ほご》され「アン」「ドゥー」「トロワ」と名《な》づけられたのですが、そのうちの1頭《とう》トロワは、保護《ほご》から数日後《すうじつご》、きゅうに体調《たいちょう》が悪化《あっか》して亡《な》くなってしまったのです。

保護《ほご》されてから今日《きょう》までは、獣医《じゅうい》の溝端《みぞばた》さんが自宅《じたく》につれて帰《かえ》ってお世話《せわ》をしていましたが、体調《たいちょう》も安定《あんてい》したところで、市民《しみん》ボランティアさんにバトンタッチすることに。

これまでの2頭《とう》のようすや、お世話《せわ》のしかたについて、溝端《みぞばた》さんから藤井《ふじい》さんに伝《つた》えられます。

こっちが女《おんな》の子《こ》のアンちゃんで…
こっちがドゥーくん？

今日《きょう》はなんだか人《ひと》がいっぱいいるニャ〜

オシッコたまってたニャ〜！

はぁ～、
ぜんぶ出《で》た
ニャー…

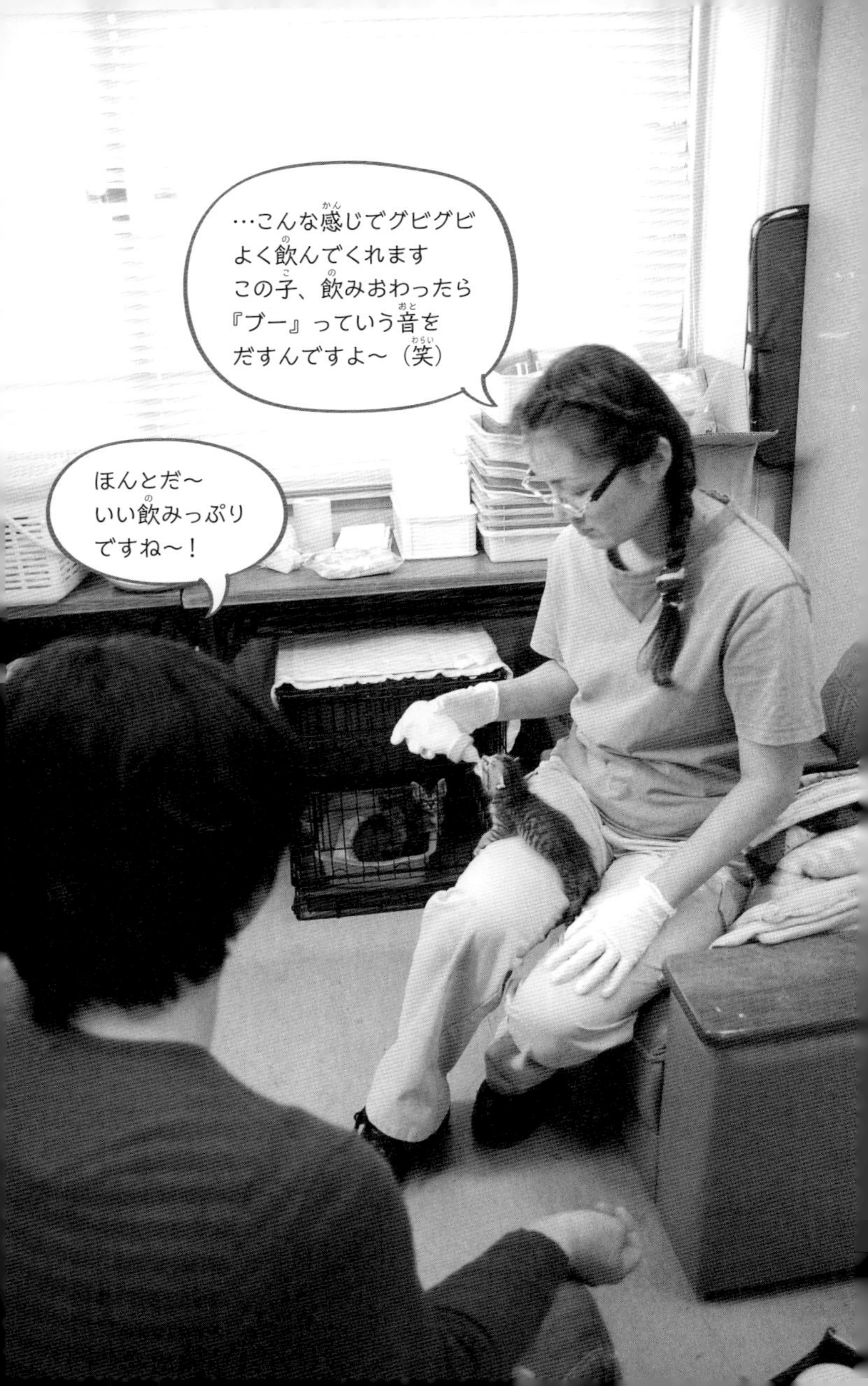
…こんな感《かん》じでグビグビ
よく飲《の》んでくれます
この子《こ》、飲《の》みおわったら
『ブー』っていう音《おと》を
だすんですよ～（笑《わらい》）
ほんとだ～
いい飲《の》みっぷり
ですね～！

おいちー
ニャ～♡

おなか
いっぱい
ニャ～♪

子猫《こねこ》用《よう》ミルクに哺乳瓶《ほにゅうびん》、キャットフード、体重計《たいじゅうけい》、トイレットペーパー、ティッシュ、ペットシーツ、使《つか》いきり手《て》ぶくろ、整腸剤《せいちょうざい》、保温器《ほおんき》、バスタオル……ミルクボランティアをするうえで必要《ひつよう》なグッズはすべて、センターから支《し》給《きゅう》されます。

「この子《こ》たち、フカフカのタオルが好《す》きみたいなので、それもいれときますね」

と溝端《みぞばた》さん。

そして最後《さいご》に、『子猫《こねこ》の一時《いちじ》あずかり依頼書《いらいしょ》』にサインをしたら、手《て》つづき完了《かんりょう》。

「藤井《ふじい》さんをはじめ、ミルクボランティアのみなさんが愛情《あいじょう》をかけて大事《だいじ》に育《そだ》ててくださるので、それが子猫《こねこ》のオーラにも出《で》てくるんです。ほんわかハッピーな雰囲気《ふんいき》をかもしだしているので、譲渡《じょうと》にもえらばれやすいんですよ」

センターから支給《しきゅう》される、赤《あか》ちゃんネコお世話《せわ》セット一式《いっしき》。

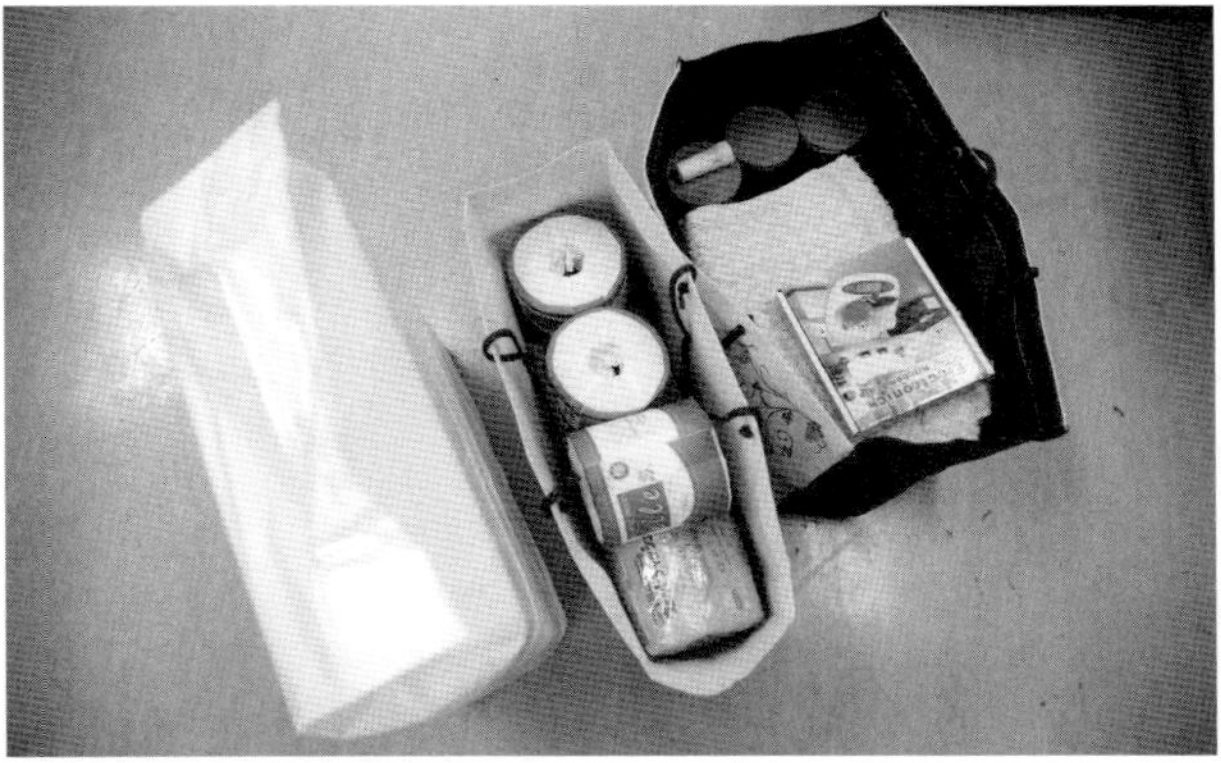

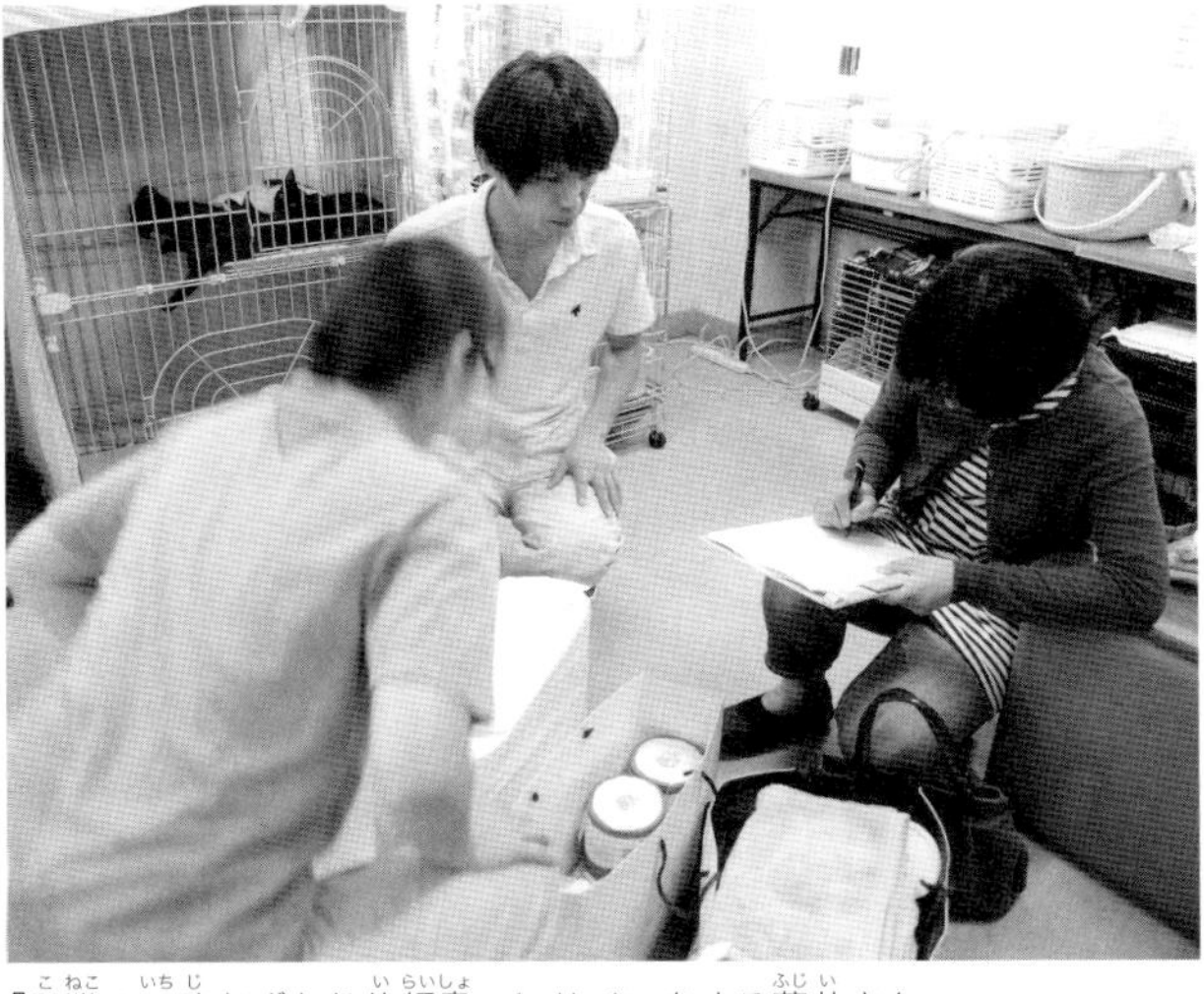

『子猫《こねこ》の一時《いちじ》あずかり依頼書《いらいしょ》』にサインをする藤井《ふじい》さん。

さぁ、いよいよ、溝端《みぞばた》さんから藤井《ふじい》さんへ――〝お母《かあ》さん役《やく》〟のタッチ交代《こうたい》です。

ミルクボランティアさんの仕事《しごと》は、〝赤《あか》ちゃんネコが離乳《りにゅう》するまで〟育《そだ》てること。自力《じりき》でカリカリ（固形《こけい》のキャットフード）を食《た》べ、水《みず》を飲《の》めるようになったら、離乳完了《りにゅうかんりょう》です。

「離乳《りにゅう》がおわったら、センターに子猫《こねこ》をもどしてもらい、そこからあたらしい飼《か》い主《ぬし》さんさがしをはじめます。もしも途中《とちゅう》で具合《ぐあい》が悪《わる》くなったりミルクを飲《の》まなくなったりしたら、すぐにセンターへ相談《そうだん》してもらうことになっています。治療《ちりょう》の必要《ひつよう》がある場合《ばあい》は、いったんセンターであずかることも。夜間《やかん》や休日《きゅうじつ》になにかあったときは、職員《しょくいん》か、チームにゃわんの梅崎《うめざき》さんの携帯電話《けいたいでんわ》に連絡《れんらく》してもらい、緊急対応《きんきゅうたいおう》できるようになっています」

いざというときのサポート体制《たいせい》もバッチリなのです。

バトンタッチ！

こまったことが
あったら、お電話《でんわ》
くださいね～
布《ぬの》をかけて
あげると安心《あんしん》するので、
かぶせておきますね～
は～い♪
ありがとう
ございます！

「今日《きょう》から1カ月間《げつかん》、アンとドゥーのこと、よろしくお願《ねが》いします!」

「はい! たいせつに育《そだ》てますね~♪」

アンちゃんとドゥーくん、旅立《たびだ》ちのとき……。

しばし、溝端《みぞばた》さんとセンターにさようなら~……といっても、じつは1週間《しゅうかん》にいちど、健康《けんこう》チェックのため、センターにつれてくることになっているのです。

「でははでは、また1週間後《しゅうかんご》に~!!」

車《くるま》を走《はし》らせること約《やく》1時間《じかん》。

藤井《ふじい》さんのおたくに、私《わたし》もちょこっとおじゃまさせていただくことにしました。

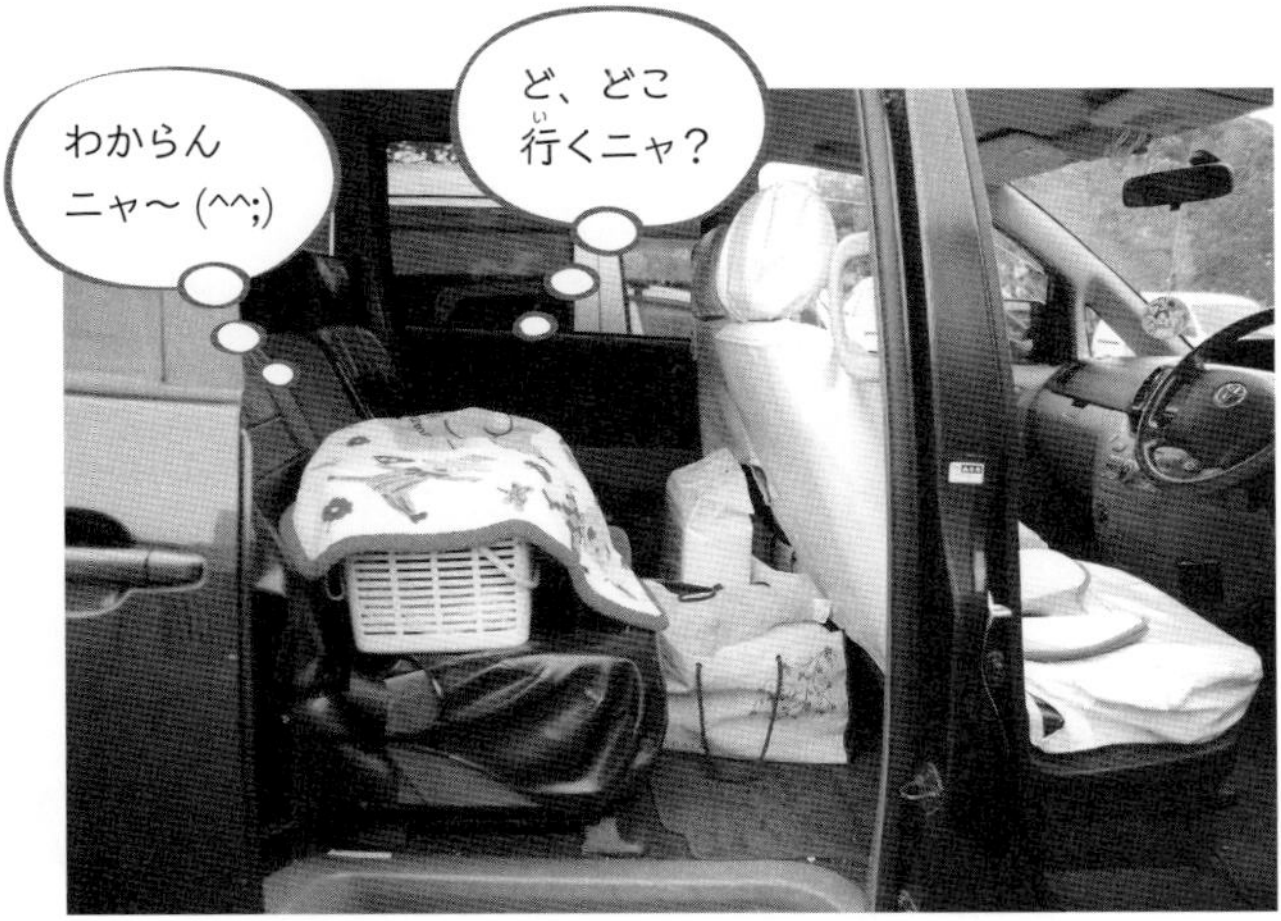
わからん
ニャ〜 (^^;)
ど、どこ
行《い》くニャ？

8 おうちに赤《あか》ちゃんネコがやってきた！

藤井《ふじい》さんは熊本市内《くまもとしない》にある一軒家《いっけんや》で、旦那《だんな》さんとふたりのお子《こ》さんとの４人暮《にんぐ》らし。

家《いえ》につくと、先住猫《せんじゅうねこ》のキキが、

「ママおかえり〜。だれ？　だれ？　だれ？　だれが来《き》たの〜？」

とお出《で》むかえしてくれました。

いらっしゃーい！
今日《きょう》からしばらく、
ここがおうちですよ〜♪

キキ先《せん》パイ！
はじめまして！

今日《きょう》から
お世話《せわ》にニャります、
アンともうします！

お、おまえ、
見《み》かけない顔《かお》ニャ！
で、でもかわいいニャ！
これからいっしょに
遊《あそ》ぼうニャ!!

キキと、アン&ドゥーとの顔合《かおあ》わせがおわったところで、さっそく、藤井《ふじい》さんがお世話《せわ》をします。

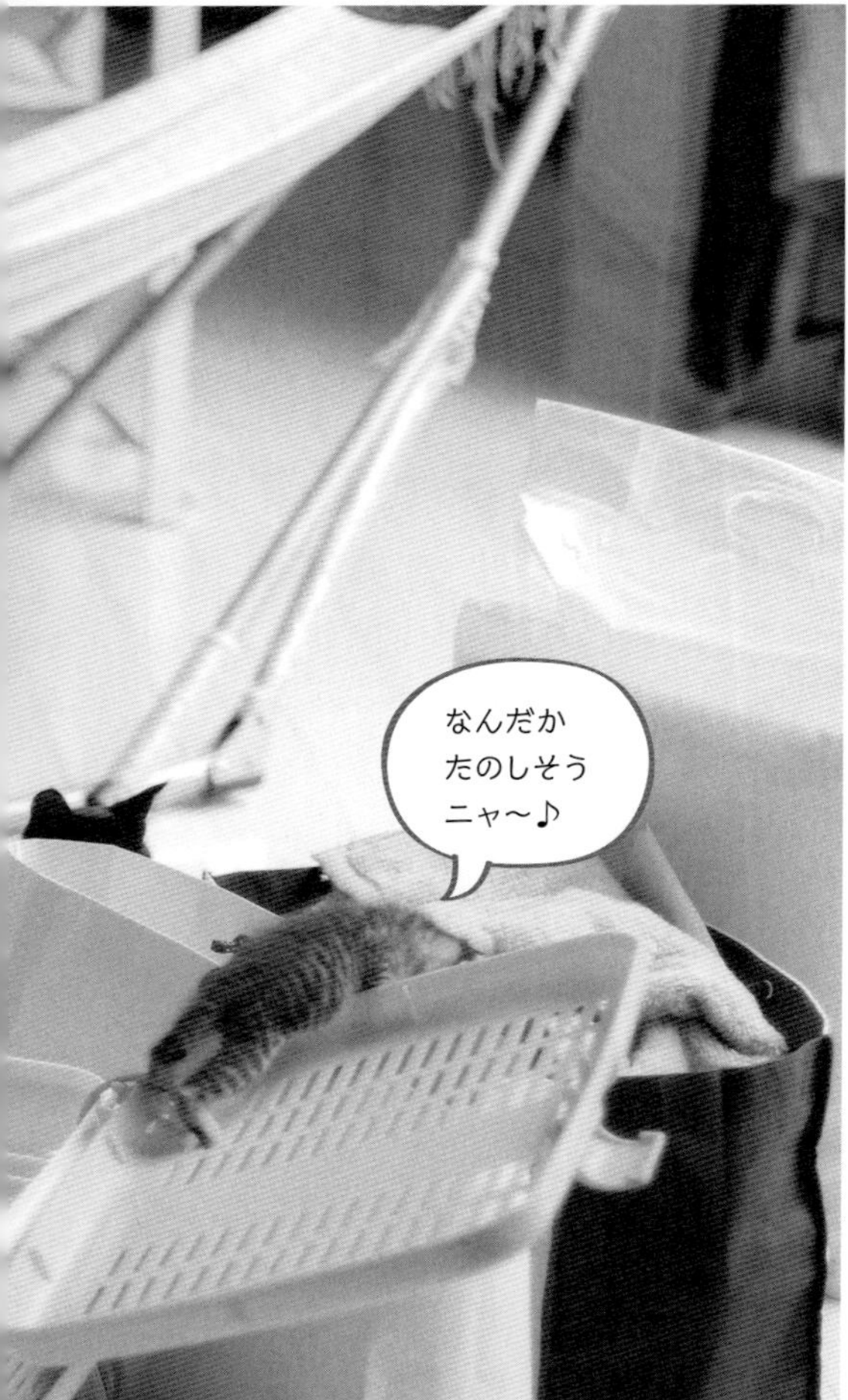

アンちゃん、
ドゥーくん、
オシッコ・ウンチ
しよっか〜♪
ここは
どこニャー？
使いきり手袋

ニャンばれ
兄妹《きょうだい》〜!!

あ～、
きもちいい
ニャ～♪

アンちゃんとドゥーくんがミルクを飲《の》みおえ、お世話《せわ》がおわったところで、藤井《ふじい》さんに、ミルクボランティアのお話《はなし》をうかがいました。

——いつも、ミルクは、どんな感《かん》じで飲《の》ませるんですか？

まだ目《め》がよく見《み》えていない時期《じき》は、こっちから授乳《じゅにゅう》をうながす感《かん》じで、哺乳《ほにゅう》瓶《びん》の乳首《ちくび》を口《くち》にいれてあげたら飲《の》みはじめますよ。目《め》がハッキリ見《み》えだすと、哺乳瓶《ほにゅうびん》めがけて自分《じぶん》から突進《とっしん》してくるようになります。

1頭《とう》に飲《の》ませていたら、それを見《み》たもう1頭《とう》もひざにはいあがってきて、ミャーミャー鳴《な》きながら『私《わたし》にも早《はや》くちょーだーい！』って、おねだりするんですよ。

飲《の》んだあとは、寝床《ねどこ》のバスケットにいれると、すぐにコテンと寝《ね》てしまいます。人間《にんげん》の赤《あか》ちゃんみたいに、そい寝《ね》して寝《ね》かしつけたりしなくてもいいし、勝手《かって》にどこででも寝《ね》るけん、楽《らく》ですよ〜。２頭《とう》だと、一回《かい》のお世話《せわ》にかかる時《じ》

さぁ〜、つぎは
ミルクですよ〜
いっぱい飲《の》んでね〜
おいちー♪

間《かん》はだいたい20〜30分《ぷん》ぐらいですかね〜。
あと、私《わたし》を〝ミルクをくれる人《ひと》〟だと認識《にんしき》しはじめると、ひざの上《うえ》にのってゴロゴロのどをならしながらあまえたり、顔《かお》をペロペロしてきたり……もうかわいいのなんの♡　人間《にんげん》の赤《あか》ちゃんも、お世話《せわ》してくれるお母《かあ》さんの顔《かお》を最初《さいしょ》に覚《おぼ》えるでしょ。それといっしょですよね〜。

——ミルクをあげる回数《かいすう》や量《りょう》は、どんなふうに決《き》めるんですか？

その子《こ》の週齢《しゅうれい》（※）や育《そだ》ち具合《ぐあい》によって決《き》まります。多《おお》いときは一日《にち》5、6回《かい》あげるんですが、成長《せいちょう》するにつれて、いちどに飲《の》む量《りょう》が増《ふ》えるので、あげる回《かい》数《すう》は減《へ》っていきます。離乳食《りにゅうしょく》を食《た》べはじめると、そのぶん、ミルクの量《りょう》を減《へ》らし、朝《あさ》と晩《ばん》の2回《かい》になります。

（※）週齢《しゅうれい》＝産《う》まれてから何週間《なんしゅうかん》たっているか。アンたちのように生後《せいご》3週間《しゅうかん》だと、『3週齢《しゅうれい》』となります。

グビグビグビ…

ゴクゴク…

ウロウロ…
ヨチヨチ…
たんけん、
たんけん♪

授乳《じゅにゅう》の回数《かいすう》や間隔《かんかく》、ミルクの量《りょう》などについては、センター職員《しょくいん》さんがすべて教《おし》えてくれるので、私《わたし》はそのとおりにやっているだけです。

――赤《あか》ちゃんネコたちは、一日《にち》をどんなふうにすごしているんですか?

まだハイハイしかできないぐらいちっちゃいころは、ミルクを飲《の》む以外《いがい》は1日中《にちじゅう》ほとんど寝床《ねどこ》のバスケットの中《なか》で寝《ね》ていますね。2頭《とう》いっしょにいれていたら、じゃれあって遊《あそ》んだりもしますが、すぐにねむります。

それが、この子《こ》たちのようにヨタヨタと歩《ある》きはじめて、バスケットから顔《かお》をのぞかせたり、脱出《だっしゅつ》するようになってきたら、外《そと》に出《だ》して自由《じゆう》に遊《あそ》ばせています。人間《にんげん》の子《こ》どもといっしょで好奇心旺盛《こうきしんおうせい》なので、部屋《へや》の中《なか》を歩《ある》きまわってあちこち探検《たんけん》したり、ヒモやオモチャで遊《あそ》んだり。遊《あそ》びつかれたら、寝《ね》やすいところをさがしてねむったりしていますよ〜。

赤《あか》ちゃんネコをあずかっているあいだは、『成長《せいちょう》の記録《きろく》』日誌《にっし》をつけながら、体調《たいちょう》をこまかく観察《かんさつ》・管理《かんり》し、週《しゅう》に一度《いちど》のセンター訪問《ほうもん》のさい、その結果《けっか》を報告《ほうこく》することになっているそうです。

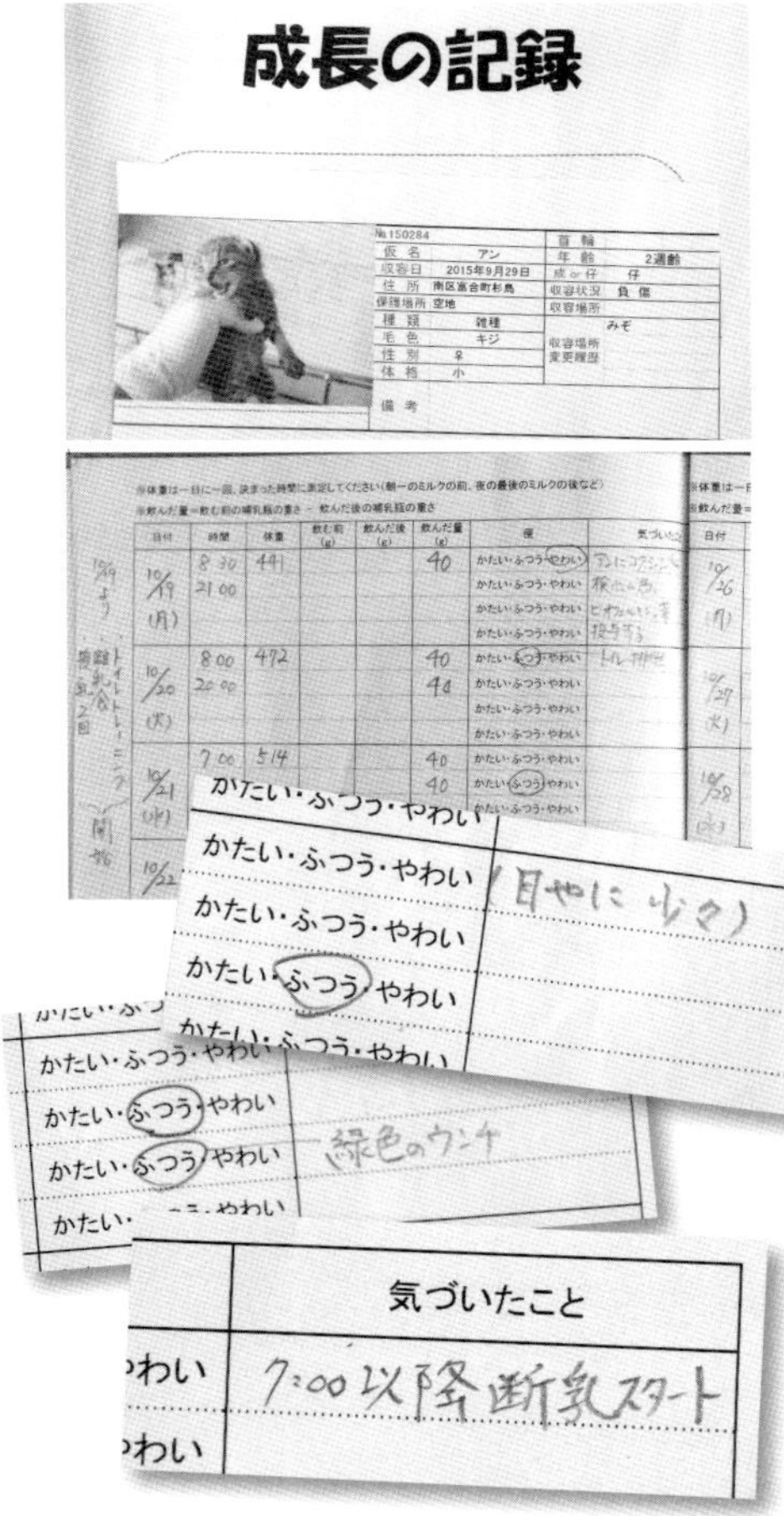

体重《たいじゅう》、ミルクを飲《の》んだ時間《じかん》や量《りょう》、ウンチのようすなどをこまかく記録《きろく》します。

『ミルクの飲《の》みが悪《わる》い』『体重《たいじゅう》が増《ふ》えない』『ウンチの色《いろ》がへん』……そんなちょっとした体調《たいちょう》の変化《へんか》が、赤《あか》ちゃんネコにとっては命《いのち》とりになってしまうことがあるからです。

——離乳《りにゅう》のタイミングは、どうやって見《み》きわめるんですか？

それも、週《しゅう》一のセンター訪問《ほうもん》のときにアドバイスをもらうんですが、だいたい生後《せいご》1カ月《げつ》ぐらいになって、歯《は》がしっかり生《は》えそろいはじめると、『そろそろ離乳食《りにゅうしょく》にしましょうか』という話《はなし》になります。

歯《は》の生《は》えかたも、離乳《りにゅう》のタイミングも、個体差《こたいさ》が大《おお》きいので、その子《こ》に合《あ》ったペースですすめていきます。カリカリをミルクにひたしてふやかしたのが好《す》きな子《こ》もいれば、いきなりかたいカリカリをそのままガリガリかんで食《た》べはじめる子《こ》も。

離乳食《りにゅうしょく》を食《た》べはじめても、お皿《さら》から水《みず》を飲《の》めるようになるまでは、さらに1、

2週間《しゅうかん》かかるので、水分補給《すいぶんほきゅう》のためにもミルクはかかせません。カリカリを食《た》べられて、水《みず》を飲《の》めるようになれば、離乳完了《りにゅうかんりょう》。離乳《りにゅう》が完了《かんりょう》するのは、だいたい生後《せいご》1カ月半《げつはん》ぐらいですかね〜。

――オシッコやウンチを自力《じりき》でできるようになるのも、離乳《りにゅう》のころですか？

はい、離乳《りにゅう》と同《おな》じタイミングです。ネコたちの寝床《ねどこ》も、それまでのバスケットではなく、大《おお》きなケージにかわります。そこに、エサや水《みず》をいれる食器《しょっき》や、砂《すな》のはいったトイレを設置《せっち》し、その中《なか》で食事《しょくじ》や排泄《はいせつ》ができるようにするんです。

――トイレのしかたを教《おし》えるのはたいへんですか？

いえいえ、それがぜんぜん!! ケージの中《なか》で遊《あそ》んでいるとちゅうで、いきなりトイレ砂《ずな》の中《なか》にはいって前足《まえあし》でほりはじめて、そこへしゃがんでシャアー！……ハイ、大成功《だいせいこう》！ってかんじ。なかには、何回《なんかい》かトイレ以外《いがい》でする子《こ》もいましたが、ほとんどの子《こ》は、おもしろいぐらいにすぐ覚《おぼ》えてくれるので、楽《らく》でした。人間《にんげん》みたいに、お母《かあ》さんから教《おし》えてもらったわけでもないのに、自分《じぶん》でできるようになるなんて、ほんとすごいですよね～！

――ミルクボランティアをしていて、なにかこまったことはありましたか？

う～ん。『ミルクの量《りょう》はこれでいいのかな？』とか『いつもとちがう色《いろ》の便《べん》をしたけど大丈夫《だいじょうぶ》かな？』とか、気《き》になることがあればすぐセンターに相談《そうだん》すればいいし……。職員《しょくいん》さんのサポートがかんぺきなので、これまで、とくにこまったことってないんですよね～。そんな安心感《あんしんかん》があるからこそ、このボランティアをつづけられるのかも！

――赤《あか》ちゃんネコのことをいちばん、かわいいなぁ～と思《おも》う瞬間《しゅんかん》は？

やっぱ寝顔《ねがお》ですね～。安心《あんしん》しきってスヤスヤねむっている顔《かお》を見《み》るとキュンとします♡

――このボランティアをやっていて、いちばん、うれしい瞬間《しゅんかん》は？

それはやっぱり、自分《じぶん》の育《そだ》てた子《こ》にあたらしい飼《か》い主《ぬし》さんが見《み》つかったとき――職員《しょくいん》さんから、譲渡先《じょうとさき》が決《き》まったとの報告《ほうこく》をうけたときです。

アンとドゥーも、いつかやさしい家族《かぞく》にめぐりあって、幸《しあわ》せになってほしいです！

9 「私《わたし》がミルクボランティアになった理由《わけ》」

——そんな、赤《あか》ちゃんネコへの愛情《あいじょう》いっぱいの藤井《ふじい》さんに、ミルクボランティアをはじめたきっかけを聞《き》いてみると、

「たまたまテレビで、熊本市動物愛護《くまもとしどうぶつあいご》センターが子猫《こねこ》のミルクボランティアを募集《ぼしゅう》しているっていうニュースを見《み》て、私《わたし》も応募《おうぼ》してみようかな～と思《おも》ったんです」

とのこと。

「ちょうどふたりの子《こ》どもも大《おお》きくなって手《て》がかからなくなり、〝お世話《せわ》〟する対象《たいしょう》がなくなったので、なんとなく『ネコでも飼《か》ってみたいなぁ～』と思《おも》っていたところだったんです。ただその反面《はんめん》、ネコはつめとぎでカベをボロボロ

にしたり、カーペットをグチャグチャにするっていうイメージもあって……。がんばって買《か》ったあたらしい家《いえ》だし、傷《きず》つけられるのはイヤだなぁという思《おも》いも正直《しょうじき》ありました。〝とりあえず飼《か》ったけど、やっぱりむりだから手《て》ばなす〟っていう無責任《むせきにん》なことだけはしたくなくて、どうしようか迷《まよ》っていたんです」

ミルクボランティアの募集《ぼしゅう》のニュースを見《み》たのは、ちょうどそんなときだったそうです。

「あずかったネコを1カ月《げつ》でセンターにかえすと決《き》まっているなら、その期間《きかん》だけ責任《せきにん》もってお世話《せわ》すればいいわけだし、私《わたし》にネコを飼《か》う資格《しかく》があるかをためすには、ちょうどいい機会《きかい》かもしれない――そんなふうに思《おも》ったんです」

そこでさっそく、ボランティアに応募《おうぼ》することに。

審査《しんさ》にはぶじ、合格《ごうかく》。赤《あか》ちゃんネコのお世話《せわ》のしかたは、職員《しょくいん》さんからしっかり手《て》ほどきをうけ、2015年《ねん》4月《がつ》、はじめて、2頭《とう》の子猫《こねこ》をあずかることになりました。

「じっさい、いちばん、手《て》のかかる乳飲《ちの》み子時代《ごじだい》のお世話《せわ》を体験《たいけん》してみて……『やっぱり、ネコって、かわいいなぁ～』と思《おも》えたので、これなら私《わたし》も、ちゃんとネコを飼《か》えるかなと、自信《じしん》がわきました」

そして、3回目《かいめ》のミルクボランティアでお世話《せわ》した黒猫《くろねこ》のキキを、その後《ご》、家族《かぞく》の一員《いちいん》にむかえることとなったのです。

「そのときは、この子《こ》1頭《とう》だけあずかったこともあってか、すごく情《じょう》がわいて……。1カ月《げつ》たって、センターにかえすときに、子《こ》どもたちも『さびしいよ～』『飼《か》おうよ～』と言《い》いだして……。センターの方《かた》にそのことを伝《つた》えたら、『いつでも、つれに来《き》ていいですよ』と言《い》ってくださったんです。それから1カ月後《げつご》に、休日譲渡会《きゅうじつじょうとかい》がひらかれることになっていたので、そのあいだに、もういちど、家族全員《かぞくぜんいん》で冷静《れいせい》に考《かんが》えて、それでもみんなの気持《きも》ちがかわらなかったら、飼《か》おうと決《き》めたんです。子《こ》どもたちには、『もしも、ほかの人《ひと》にひきと

夜《よる》は毎日《まいにち》、藤井《ふじい》さんの布団《ふとん》にもぐりこんでくる、あまえんぼうのキキです。

られていたら、それはそれで運命《うんめい》だよ』と伝《つた》えました」

その後《ご》も、キキを家族《かぞく》にむかえたいという思《おも》いはかわらず、むしろ強《つよ》まるいっぽうだったという藤井《ふじい》さん。

結果《けっか》、譲渡会《じょうとかい》までに、運《うん》よく（？）もらい手《て》が見《み》つからなかったキキは、正式《せいしき》に藤井家《ふじいけ》の次男《じなん》として、ひきとられることになったのでした。

「キキを譲渡《じょうと》してもらうときに、職員《しょくいん》さんから、ネコの習性《しゅうせい》や、正《ただ》しい飼《か》いかたについて教《おし》えてもらいました。そのおかげで、ネコへの誤解《ごかい》がとけたんですよ。それまでは『ネコは外《そと》に出《だ》してあげないといけない』と思《おも》いこんでいたんですけど、『ネコは一生《いっしょう》、室内《しつない》で暮《く》らしてもストレスにはならない』と言《い》われて、目《め》からウロコ！　じっさいに飼《か》ってみたら、心配《しんぱい》していたほど部屋《へや》をボロボロにもしないし、去勢手術《きょせいしゅじゅつ》をしたので発情期《はつじょうき》のマーキングもない。外《そと》に出《だ》さないので、においや鳴《な》き声《ごえ》で近所《きんじょ》の人《ひと》たちに迷惑《めいわく》をかけることもありません。『ゴミおき場《ば》の残飯《ざんぱん》をあらす』とか、『庭《にわ》にウンチやオシッコをしてください』とか……これまでネコにたいして持《も》っていたネガティブなイメージもなくなって、今《いま》では〝ネコ大好《だいす》き〟になりました！　最初《さいしょ》は、そんなつもりじゃなかったんだけど、結果的《けっかてき》には私《わたし》の活動《かつどう》がこの子《こ》たちの命《いのち》をすくうことにつながってる……そう考《かんが》えると、なんだかうれしいですね～」

そう言《い》って、あっけらかんと笑《わら》う藤井《ふじい》さん。

「これからもミルクボランティアをつづけていきたいですか？」

とたずねてみると、

「はい！　だって、赤《あか》ちゃんネコを育《そだ》てるのって、たいへんなこともあるけど、それ以上《いじょう》に、〝幸《しあわ》せ感《かん》〟をいっぱいもらえますから～♪」

それを聞《き》いて、獣医師《じゅういし》の溝端《みぞばた》さんがおっしゃっていた、こんな言葉《ことば》を思《おも》い出《だ》しました。

「ボランティアは、その人《ひと》の空《あ》いた時間《じかん》に、むりなく、楽《たの》しくやっていただくのがいちばん。それが、長《なが》くつづけていただくための秘訣《ひけつ》だと思《おも》います」

10 「おかえり、アン・ドゥー！」

——それから約《やく》1カ月後《げつご》、私《わたし》はふたたび、熊本《くまもと》をおとずれました。藤井《ふじい》さんのおたくで、ぶじ、離乳《りにゅう》が完了《かんりょう》したアンとドゥーがセンターに帰《かえ》ってくると聞《き》いたのです。

約束《やくそく》の時間《じかん》——午後《ごご》2時《じ》にセンターの駐車場《ちゅうしゃじょう》でまっていると、藤井《ふじい》さんの車《くるま》が到着《とうちゃく》しました。

後部座席《こうぶざせき》には小《ち》さなバスケット……ではなく、大《おお》きなケージがドーンとのせられています。ケージの中《なか》には、元気《げんき》に成長《せいちょう》したアンちゃんとドゥーくんのすがたが——。藤井《ふじい》さんが、重《おも》たいケージをかかえてソロリソロリと、たいせつに管理棟《かんりとう》まで運《はこ》びます。

熊本市動物愛護セン
ハローアニマルくまもと

アン、ドゥー、
おかえり〜

ただいまニャ！

さぁ、お部屋《へや》に
はいろっか〜

ぶじに育《そだ》って
ひと安心《あんしん》です！

――アンとドゥーの育《そだ》ての親第《おやだい》一号《ごう》の溝端《みぞばた》さんも、2頭《とう》がぶじにもどってきてくれたことに、安堵《あんど》の表情《ひょうじょう》をうかべています。

これまでのお世話《せわ》のようすを藤井《ふじい》さんに聞《き》くと、

「アンもドゥーも、どっちも食《く》いしんぼうだったけど、ドゥーくんのほうがとくにすごい！　ミルクもビックリするぐらい飲《の》むし、そのぶん、オシッコとウンチの量《りょう》もハンパなかった！　2頭《とう》とも同《おな》じ柄《がら》なので最初《さいしょ》はどっちがどっちだかわからなかったけど、ミルクを飲《の》む量《りょう》がちがうと太《ふと》りかたもちがってくるので、だんだん見《み》わけがついてきました（笑《わらい》）」

もー、2頭《とう》とも
すっごい食欲《しょくよく》
なんですよー！
やっぱりー♪
丸々《まるまる》と太《ふと》って、
元気《げんき》そう！

アンとドゥー、

1カ月《げつ》間《かん》で、

こんなに大《おお》きく
なりました〜

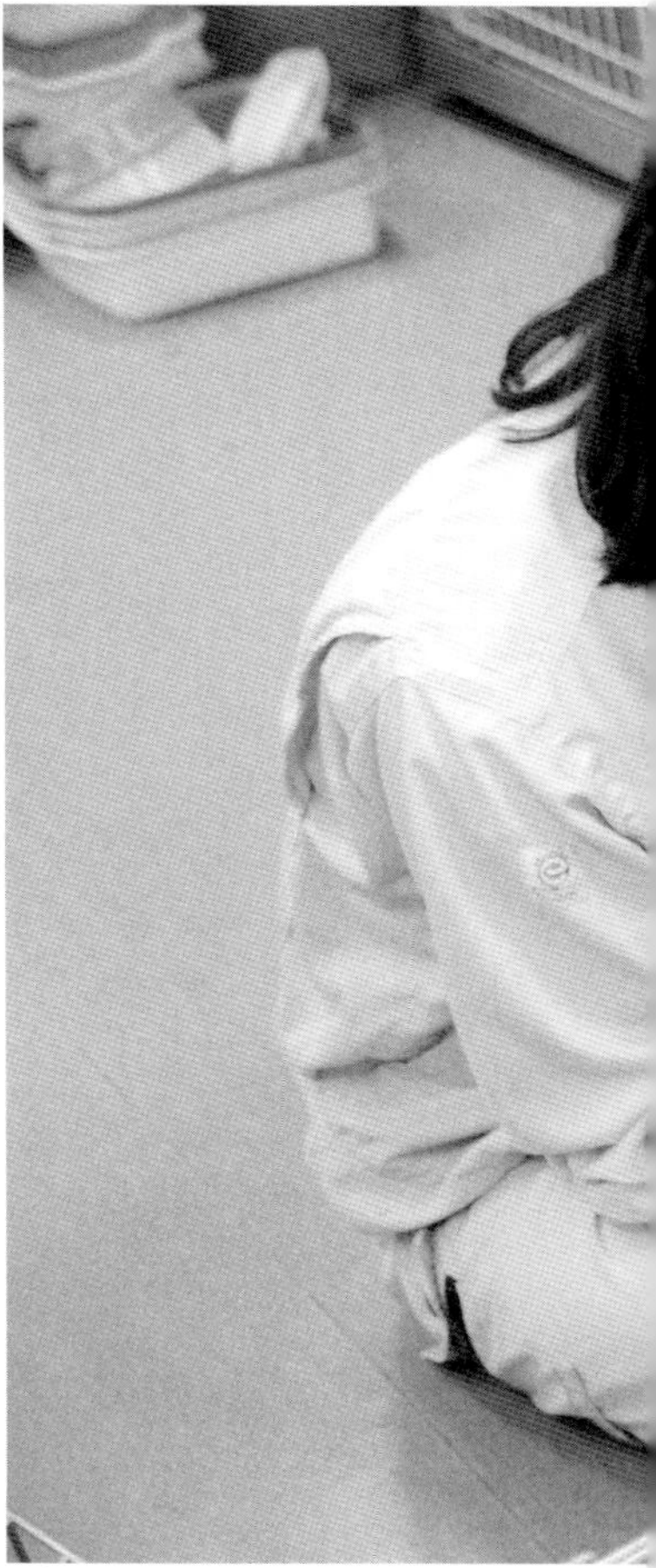

子猫《こねこ》にワクチン接種《せっしゅ》をする
長野《ながの》さんと溝端《みぞばた》さん。

センターにもどると、まずは健康《けんこう》チェック。そして、感染症《かんせんしょう》を予防《よぼう》するためのワクチンを打《う》ちおわると……アンとドゥーは正式《せいしき》に、〝譲渡対象《じょうとたいしょう》〟のネコとして〝デビュー〟することになりました。

「コロコロしててかわいいし、この子《こ》たちならきっとすぐ、もらい手《て》が見《み》つかると思《おも》いますよ」

と溝端《みぞばた》さん。

そのあいだに藤井《ふじい》さんは、ミルクボランティアとしての〝最後《さいご》のお仕事《しごと》〟にとりかかっていました。

それは、〝育《そだ》ての親《おや》〟から、あたらしい飼《か》い主《ぬし》さんへのメッセージづくり。譲渡《じょうと》されることになったご家族《かぞく》に、このメッセージがわたされるのです。

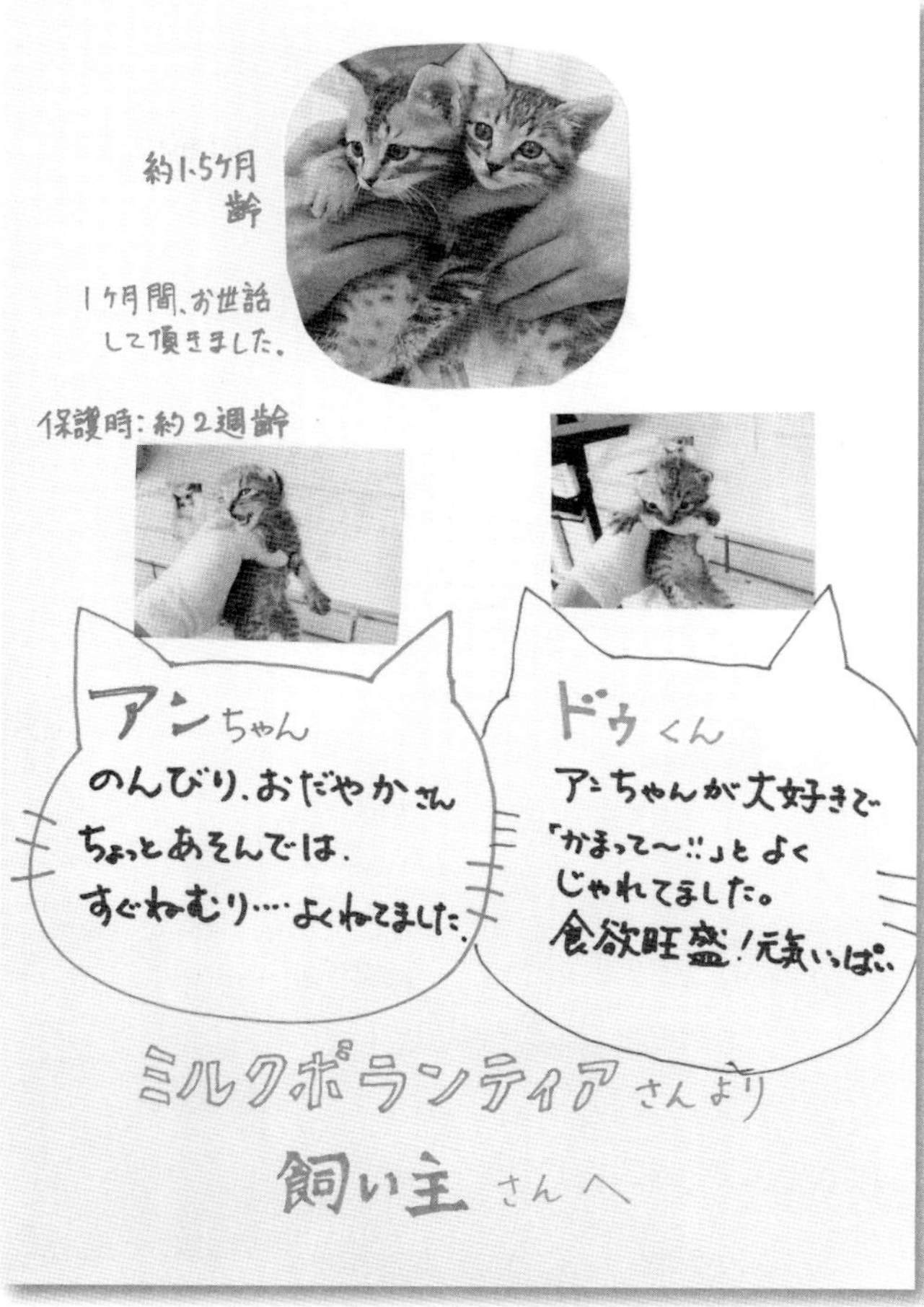
約1.5ケ月齢
1ケ月間、お世話して頂きました。
保護時：約2週齢
アンちゃん
のんびり、おだやかさん
ちょっとあそんでは、
すぐねむり……よくねてました。
ドゥくん
アンちゃんが大好きで
「かまって〜!!」とよく
じゃれてました。
食欲旺盛！元気いっぱい。
ミルクボランティアさんより
飼い主さんへ

そしてお別《わか》れまえに、藤井《ふじい》さんとアン＆ドゥーとで、記念撮影《きねんさつえい》。

「ミルクボランティアさんへのお礼《れい》の気持《きも》ちをこめて、写真《しゃしん》をプレゼントしているんですよ」

と溝端《みぞばた》さん。

新し

――アンとドゥーが、空《あ》き地《ち》のみぞの中《なか》で発《はっ》見《けん》されてから、約《やく》2カ月《げつ》。

最初《さいしょ》はゴハンを食《た》べることも、オシッコやウンチをすることも……自分《じぶん》ではなにもできない赤《あか》ちゃんだったのに、今《いま》ではこのとおり。

お水《みず》も上手《じょうず》に飲《の》めるし、カリカリだってモリモリ食《た》べられる。トイレもバッチリ覚《おぼ》えました。

「この子《こ》たちとお別《わか》れするのがさびしい気《き》持《も》ちはありますけど、ミルクボランティアとしての私《わたし》の役目《やくめ》はここまで――とわりきっています。

それに、あたらしい飼《か》い主《ぬし》さんに譲渡《じょうと》されるまでは、センターで職員《しょくいん》さんたちにかわいがってもらえるので、なんの心配《しんぱい》もないですしネ」

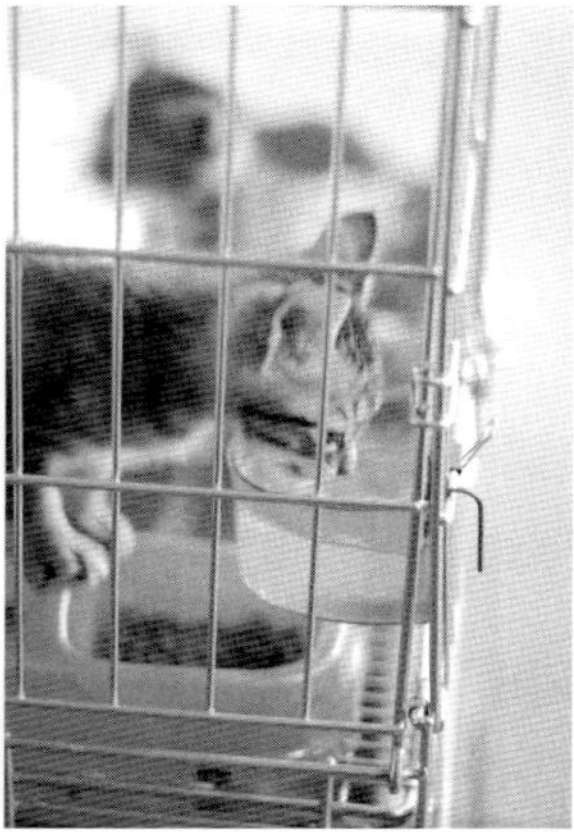

じゃあ、お母《かあ》さん
そろそろ行《い》くからね
いい人《ひと》にもらって
もらうんだぞ〜

藤井《ふじい》さん、今日《きょう》まで
おつかれさまでした！
あとは私《わたし》たちに
おまかせください！

そして藤井《ふじい》さんが帰《かえ》ったあと、事務所横《じむしょよこ》の、よく目立《めだ》つ場所《ばしょ》に、アンとドゥーのケージがおかれました。

さぁ、あとはあたらしい飼《か》い主《ぬし》さんがむかえにきてくれるのをまつばかりです。

もしも、ネコをゆずりうけたいという人《ひと》があらわれたら、書類審査《しょるいしんさ》や面接《めんせつ》がおこなわれます。そして、『終生《しゅうせい》(最期《さいご》まで)飼育《しいく》をする』『不妊《ふにん》・去勢手術《きょせいしゅじゅつ》をする』『室内《しつない》で飼《か》う』など、飼《か》い主《ぬし》として必要《ひつよう》な条件《じょうけん》を満《み》たす人《ひと》に、譲渡《じょうと》されるのです。

「いちどは捨《す》てられて、つらい思《おも》いをした子《こ》たちです。つぎこそは、愛情《あいじょう》あふれる家族《かぞく》のもとで、めいっぱい幸《しあわ》せになってもらいたい――。それが私《わたし》たちのせつなる願《ねが》いです」

と溝端《みぞばた》さん。

するとさっそく、「子猫《こねこ》を飼《か》いたい」という女《じょ》性《せい》が、センターの見学《けんがく》におとずれました。

子猫《こねこ》たちのケージをあちこち見《み》てまわったあとで、こんどはアンとドゥーのケージのまえにしゃがみこんで、職員《しょくいん》さんに質問《しつもん》しています。

「うわ〜、かわいいですね〜。この子《こ》たち、生後《せいご》どれくらいですか？」

どうやら2頭《とう》に興味《きょうみ》をもってくれているみたい。

その後《ご》、女性《じょせい》は、「家族《かぞく》と相談《そうだん》してから、また来《き》ます〜」と言《い》って帰《かえ》られましたが……この調子《ちょうし》だと、アンとドゥーにあたらしい家族《かぞく》が見《み》つかる日《ひ》も、そう遠《とお》くないかもしれませんね。

この子《こ》たち、
ミルクボランティアさんに
育《そだ》ててもらって、
さっきセンターに帰《かえ》ってきた
ところなんですよ～
かわいい～♡

11 センター職員《しょくいん》の真《しん》の願《ねが》いとは?

ミルクボランティアの公募《こうぼ》をスタートしてから約《やく》8カ月《げつ》——。

「市民《しみん》の方《かた》たちに手伝《てつだ》っていただいたぶん、ぼくらもずいぶん助《たす》かりました。と同時《どうじ》に、説明会《せつめいかい》やボランティア活動《かつどう》をつうじて、かかわってくださる市民《しみん》の方《かた》たちに、ネコとの正《ただ》しい暮《く》らしかたや飼《か》い主《ぬし》の心《こころ》がまえについても伝《つた》えることができました。啓発《けいはつ》の、いい機会《きかい》にもなっていると思《おも》います」

そう話《はな》すのは長野《ながの》さん。

「でも、まだまだですね……」

と、これまで柔和《にゅうわ》だった長野《ながの》さんの表情《ひょうじょう》が少《すこ》しきびしくなりました。

「今《いま》は、とにかく、収容《しゅうよう》されたネコを必死《ひっし》ですくっている状態《じょうたい》ですが、ゆくゆ

くは、ここにはいってくるネコをゼロにしたい。ミルクボランティアが必要《ひつよう》のない社会《しゃかい》をつくりたい——。それがぼくらの真《しん》の願《ねが》いであり、最終目標《さいしゅうもくひょう》です」

じつは、取材中《しゅざいちゅう》にも、こんな出来事《できごと》がありました。——センター職員《しょくいん》さんのたいせつな仕事《しごと》のひとつに、市民《しみん》からかかってくる電話《でんわ》や、センターをおとずれる人《ひと》への対応業務《たいおうぎょうむ》があります。

「ネコのフンや鳴《な》き声《ごえ》が迷惑《めいわく》。なんとかしてほしい」「近所《きんじょ》の人《ひと》がエサをあげている野良猫《のらねこ》が、うちの庭《にわ》で子猫《こねこ》を産《う》んでこまっている」「ネコを飼《か》えなくなったから、ひきとってほしい」といった相談《そうだん》や苦情《くじょう》が、毎《まい》日《にち》ひっきりなしによせられるそうです。

……そんな話《はなし》を長野《ながの》さんから聞《き》かせてもらっているさなか、上品《じょうひん》な身《み》なりをしたひとりのおばあさんが、1頭《とう》のネコをだきかかえて玄関《げんかん》からはいってきました。ネコは三毛《みけ》の成猫《せいびょう》で、ひどくおびえたようす。つぶらな瞳《ひとみ》を見《み》ひらきながら両耳《りょうみみ》をうしろにたおし、ブルブルとふるえています。

長野《ながの》さんが「どうされましたか？」とたずねると、

「じつは、私《わたし》、ひとり暮《ぐ》らしなんですけど、1カ月後《げつご》にグループホーム（※1）にはいることが決《き》まりまして……そこには、この子《こ》をつれていけないし、もらい手《て》も見《み》つからないので、こちらでひきとっていただこうと――」

私《わたし》はドキリとしました――。

長野《ながの》さんが、法律《ほうりつ》（※2）によって、飼《か》い主《ぬし》には、その子《こ》が寿命《じゅみょう》をまっとうするまで責任《せきにん》をもって飼《か》いつづける義務《ぎむ》があること、どうしても手《て》ばなさざるをえない事情《じじょう》があるのなら、あたらしい飼《か》い主《ぬし》を見《み》つける努力《どりょく》をしなければならないこと、センターでひきとった場合《ばあい》、もらい手《て》が見《み》つからなければ殺処分《さつしょぶん》される可能性《かのうせい》もあることなどをつげると――。

「はい……そのこともかくごして……この子《こ》にはかわいそうだけど……もう、どうしようもないんです……」

そこで長野《ながの》さんは「入居《にゅうきょ》までにまだ1カ月《げつ》あるのなら……」と、熊本日日新聞《くまもとにちにちしんぶん》の『あたらしい飼《か》い主《ぬし》さん募集《ぼしゅう》』コーナーにのせることを提案《ていあん》。「それでもどうしても飼《か》ってくれる人《ひと》が見《み》つからなかったら、またご相談《そうだん》いただければと……」。

すると、おばあさんは、「ぜひ、のせてみたいです」とのこと。

カメラを持《も》っていないというおばあさんのかわりに長野《ながの》さんがネコの写真《しゃしん》を撮《と》り、新聞社《しんぶんしゃ》にメールで送《おく》ってあげることになりました。そして、おばあさんには、新聞社《しんぶんしゃ》に直接《ちょくせつ》、もうしこみに行《い》ってもらうことに――。


（※1）グループホーム＝お年寄《としよ》りが共同《きょうどう》で暮《く》らす施設《しせつ》。

（※2）法律《ほうりつ》＝『動物《どうぶつ》の愛護《あいご》及《およ》び管理《かんり》に関《かん》する法律《ほうりつ》』。

私《わたし》がこれまでに取材《しゅざい》させていただいたほかの施設《しせつ》であれば、今回《こんかい》のようなケースだと、すぐにセンターでひきとり、殺処分《さつしょぶん》していた可能性《かのうせい》もあります。

そのことを長野《ながの》さんに伝《つた》えると、

「うちのセンターでは犬《いぬ》もネコも、安易《あんい》なひきとりはしていません。飼《か》い主《ぬし》としての責任《せきにん》を、最後《さいご》までまっとうしてほしいからです。熊本日日新聞《くまもとにちにちしんぶん》への投稿《とうこう》、けっこう、効果《こうか》があるんですよ」

とのことでした。

その後《ご》、センター内《ない》の取材《しゅざい》をつづけていた私《わたし》に、長野《ながの》さんがうれしそうに声《こえ》をかけてくれました。

「さっきの三毛猫《みけねこ》、あたらしい飼《か》い主《ぬし》さんが見《み》つかったそうですよ！」

「ええ!?　もう!?」

私《わたし》はあまりの急展開《きゅうてんかい》におどろきました。

「今《いま》、おばあさんから、お礼《れい》の電話《でんわ》があったんです。あのあと、熊本日日新聞《くまもとにちにちしんぶん》の事務所《じむしょ》に行《い》って、ネコを手《て》ばなさなければならない理由《りゆう》を話《はな》しながら、掲載《けいさい》のもうしこみをしていたそうなんです。すると、たまたま、そこにいあわせた女性《じょせい》が、『そんなご事情《じじょう》なら、私《わたし》がその子《こ》をひきとりましょうか？』と声《こえ》をかけてくださったそうで……。おばあさん、とてもよろこんでいました!!」

——なんという出会《であ》い!!　なんという朗報《ろうほう》!!

私《わたし》は涙《なみだ》が出《で》そうなほどうれしくなりました。

施設《しせつ》に持《も》ちこまれるネコを減《へ》らすための、センター職員《しょくいん》さんの地道《じみち》な努力《どりょく》の成果《せいか》を、目《め》の前《まえ》で見《み》せていただけた、とてもきちょうな体験《たいけん》でした。

12 不幸《ふこう》なネコを増《ふ》やさないために

おばあさんが持《も》ちこんだネコは、センターに収容《しゅうよう》しなくてすみましたが、現《げん》在《ざい》、赤《あか》ちゃんネコだけでも、毎年《まいとし》100頭《とう》ほどが収容《しゅうよう》されています。

その子《こ》たちのお母《かあ》さんやお父《とう》さんは、不妊《ふにん》・去勢手術《きょせいしゅじゅつ》(※)をせずに飼《か》われているネコや、飼《か》い主《ぬし》のいない〝野良猫《のらねこ》〟たちです。

これ以上《いじょう》、不幸《ふこう》なネコを増《ふ》やさないためには、どうすればいいのでしょうか。

長野《ながの》さんに聞《き》きました。

「まず、ひとつ目《め》は、『不妊《ふにん》・去勢手術《きょせいしゅじゅつ》』をすることとです。ネコは年《ねん》に2、3回《かい》出産《しゅっさん》をし、いちどに5、6頭《とう》の赤《あか》ちゃんを産《う》みます。その子猫《こねこ》たちも(半数《はんすう》がメスだったと仮定《かてい》して)、半年《はんとし》たつと出産《しゅっさん》ができるようになります……それをく

（※）不妊《ふにん》・去勢手術《きょせいしゅじゅつ》＝赤《あか》ちゃんができなくする手術《しゅじゅつ》。メスは不妊手術《ふにんしゅじゅつ》、オスは去勢手術《きょせいしゅじゅつ》といいます。手術《しゅじゅつ》に適《てき》した時期《じき》は、はじめての発情《はつじょう》をむかえるまえ（生後《せいご》6〜8カ月《げつ》ころ）。手術《しゅじゅつ》には全身麻酔《ぜんしんますい》が必要《ひつよう》ですので、獣医《じゅうい》さんに相談《そうだん》して、体調《たいちょう》のいいときにおこないます。

りかえすと、最初《さいしょ》は母猫《ははねこ》1頭《とう》だったところから、1年《ねん》で79頭《とう》に増《ふ》える計算《けいさん》になります。つぎの年《とし》にはさらに増《ふ》え……そんな数《かず》のネコを飼《か》いつづける、あるいはもらい手《て》をさがすことは困難《こんなん》です。そうなることをふせぐために手術《しゅじゅつ》が必要《ひつよう》なのです。また、手術《しゅじゅつ》によって、オスもメスも、生殖器《せいしょくき》にまつわる病気《びょうき》や発情《はつじょう》期《き》にともなうストレスを予防《よぼう》することができ、そのぶん寿命《じゅみょう》ものびるといわれています。たとえ室内《しつない》で1頭《とう》だけ飼《か》う場合《ばあい》でも、手術《しゅじゅつ》をしてあげてください」

「ふたつ目《め》は、外飼《そとが》い(※)をせず、『室内飼《しつないが》い』にすること。家《いえ》の外《そと》には、ネコにとっての危険《きけん》が、たくさんひそんでいるからです。まず、『交通事故《こうつうじこ》』。センターには、車《くるま》にはねられるなど、事故《じこ》にあってたおれているところを発見《はっけん》され、運《はこ》びこまれる〝身元不明《みもとふめい》〟のネコが、毎年《まいとし》300～400頭《とう》もいます。そのうち、ぶじに快復《かいふく》して飼《か》い主《ぬし》のもとにもどれる子《こ》は……ほとんどいません。そしてつぎに『虐待《ぎゃくたい》』です。ネコのきらいな人《ひと》や、ネコを迷惑《めいわく》と感《かん》じている人《ひと》が、暴力《ぼうりょく》をくわえたり、毒《どく》のはいったエサを庭《にわ》や公道《こうどう》、公園《こうえん》などにまいて、殺《ころ》そうとすることがあります。ほかにも、ネコの体《からだ》にとって有害《ゆうがい》な物質《ぶっしつ》がふくまれている〝野草《やそう》〟などを食《た》べ、ひん死《し》の状態《じょうたい》でセンターに運《はこ》びこまれてくる子《こ》、ネコ同士《どうし》でケンカをしたあげく、大《おお》ケガをして運《はこ》びこまれてくる子《こ》、ほかのネコとの接触《せっしょく》で感染《かんせん》する病気《びょうき》（猫《ねこ》エイズや白血病《はっけつびょう》など）にかかって衰弱《すいじゃく》し、運《はこ》びこまれてくる子《こ》……数《かぞ》えあげればキリがありません。『外《そと》に自由《じゆう》に出《で》られるようにしてあげたほうが、ネコにとって幸《しあわ》せだ』と言《い》う方《かた》がおられますが、それは大《おお》きな誤解《ごかい》です。おいしいごはん、きれいなトイレ、安心《あんしん》してねむれる場所《ばしょ》、上下運動《じょうげうんどう》のできる設備《せつび》さえあれば、ネコは外《そと》に出《で》ることなく、家《いえ》の中《なか》だけでじゅうぶんに満足《まんぞく》して暮《く》らすことができる生《い》きものなのです」

（※）外飼《そとが》い＝家《いえ》の中《なか》と外《そと》とを行《い》き来《き》させる飼《か》いかた。

〝ネコは室内《しつない》だけでじゅうぶんに幸《しあわ》せに暮《く》らせる〟ことを、来所者《らいしょしゃ》がじっさいに見学《けんがく》、体感《たいかん》できる施設《しせつ》があると、長野《ながの》さんが案内《あんない》してくれました。その名《な》も『猫《ねこ》モデルルーム』。愛護棟《あいごとう》の中《なか》にあるこの部屋《へや》では、収容《しゅうよう》されているネコがかわるがわる、遊《あそ》んだりお昼寝《ひるね》したりしながら、のんびりすごしています。

この日《ひ》のモデル猫《ねこ》『小夏《こなつ》』は、今年《ことし》6月《がつ》ころ、〝不要猫《ふようねこ》〟として、飼《か》い主《ぬし》に持《も》ちこまれました。小夏《こなつ》を〝捨《す》てた〟のは、中年《ちゅうねん》の女性《じょせい》でした。

「結婚《けっこん》して家《いえ》を出《で》た娘《むすめ》が妊娠《にんしん》して、もうすぐ、出産《しゅっさん》のためにうちへ帰《かえ》ってくるんです。それまでにこのネコを処分《しょぶん》しておきたい」

——そんな理由《りゆう》で、小夏《こなつ》は、信《しん》じていた家族《かぞく》から永遠《えいえん》の別《わか》れをつげられたのでした。

「でも正直《しょうじき》言《い》って、そんな愛情《あいじょう》のうすい飼《か》い主《ぬし》に飼《か》われつづけるよりも、真《しん》の愛情《あいじょう》をそそいでくれる家庭《かてい》にもらわれたほうが、この子《こ》にとっては幸《しあわ》せなのかもしれません……。とても複雑《ふくざつ》な気持《きも》ちです」

猫モデルルーム

←猫《ねこ》モデルルームに行《い》っているネコのケージには、この札《ふだ》がかけられます。

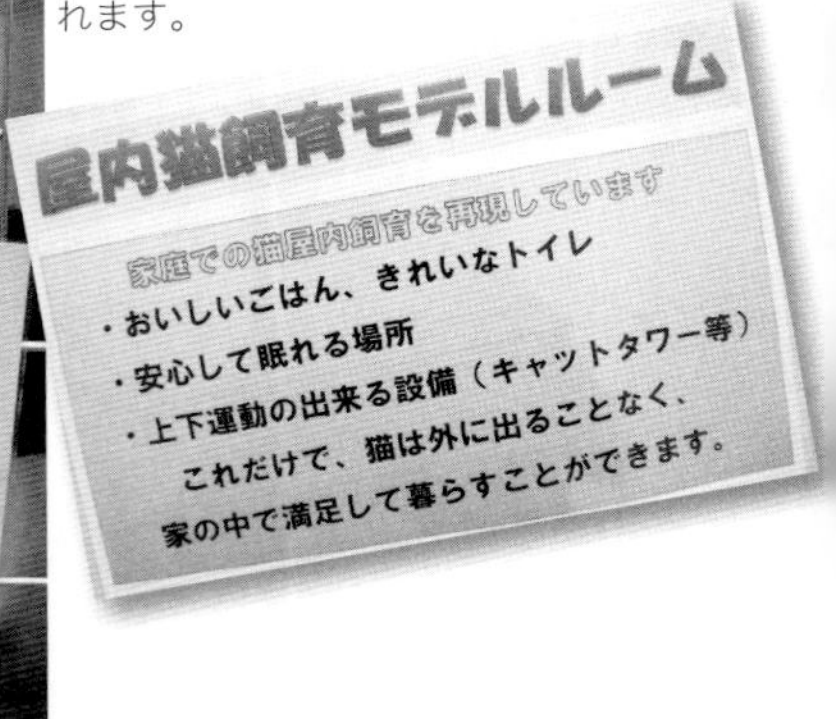

見《み》て見《み》て～
ここもはいれた
よ～♪

窓《まど》から外《そと》が見《み》えて
楽《たの》しいニャ～♪

「小夏《こなつ》は、とても人《ひと》なつこい子《こ》ですし、つぎの休日譲渡会《きゅうじつじょうとかい》で、もらい手《て》が見《み》つかるといいなと思《おも》っています。小夏《こなつ》は、ほかのネコがきらいでね……じつは、いちど、譲渡先《じょうとさき》が決《き》まって、もらわれていったんですが、トライアル期間《きかん》（※）中《ちゅう》に、先住《せんじゅう》猫《ねこ》とバトルして、センターにもどってきてしまった子《こ》なんです。でも、人《ひと》にはとてもフレンドリーないい子《こ》なので、この子《こ》1頭《とう》だけで飼《か》ってくれる、やさしい飼《か》い主《ぬし》さんをさがしてあげたいです。『飼《か》うなら子猫《こねこ》がいい』とおっしゃる方《かた》が多《おお》いですが、大人猫《おとなねこ》のほうが性格《せいかく》や好《この》みもハッキリわかっているし、行動《こうどう》も落《お》ちついています。はじめてネコを飼《か》う方《かた》にも、大人猫《おとなねこ》、おすすめですよ！」

（※）トライアル期間《きかん》＝先住猫《せんじゅうねこ》と譲渡猫《じょうとねこ》との相性《あいしょう》を見《み》るためのおためし期間《きかん》。

このキャット
タワー最高《さいこう》～♪

ツメを
とぎとぎ…
あ～、
スッキリ！

ここは快適《かいてき》
ニャ～♪

「それから、不幸《ふこう》なネコを増《ふ》やさないためにできることの3つ目《め》は、もしも、飼《か》い主《ぬし》のいない野良猫《のらねこ》のお世話《せわ》をするのなら、〝ただエサをあたえるだけ〟にはしないことですね」と、長野《ながの》さんはおっしゃいます。

「専用《せんよう》のエサ場《ば》やトイレを設置《せっち》して、ネコが暮《く》らす場所《ばしょ》をつねに清潔《せいけつ》にたもつことなど――その子《こ》が地域《ちいき》の人《ひと》たちに迷惑《めいわく》がられずうけいれられるようにすることがたいせつです。〝野良猫《のらねこ》〟を、地域《ちいき》のみんなにあたたかく見守《みまも》られながら生《い》きられる存在《そんざい》――〝地域猫《ちいきねこ》〟にしていくために、現在《げんざい》、われわれセンター職員《しょくいん》と市民《しみん》とが協力《きょうりょく》しながら、とりくみをすすめているところです」

世《よ》の中《なか》には、ネコの好《す》きな人《ひと》もいれば、ネコの苦手《にがて》な人《ひと》やきらいな人《ひと》もいます。その両方《りょうほう》の人《ひと》たちが、うまく〝共存《きょうぞん》〟していくこと――それが、すべてのネコたちが、人間社会《にんげんしゃかい》のなかで、命《いのち》をまっとうしていくためのキーワードなのかもしれません。

“地域猫《ちいきねこ》” 活動《かつどう》ってなに？

今《いま》いる野良猫《のらねこ》の命《いのち》を守《まも》りながら、
野良猫《のらねこ》にまつわる問題《もんだい》を解決《かいけつ》していく活動《かつどう》のこと。

どんなことをするの？

1 野良猫《のらねこ》を捕獲《ほかく》して不妊《ふにん》・去勢手術《きょせいしゅじゅつ》をし、もといた場所《ばしょ》にもどす。

2 ルールを決《き》めて、エサやりをする。（時間《じかん》、場《ば》所《しょ》、あとかたづけなど）

3 トイレを設置《せっち》し、フンや尿《にょう》のあとしまつをする。

4 活動《かつどう》の目的《もくてき》や内容《ないよう》を、地域住民《ちいきじゅうみん》に知《し》らせる。（回覧板《かいらんばん》やチラシなど）

どうなるの？

1 野良猫《のらねこ》が増《ふ》えない。発情《はつじょう》による大《おお》きな鳴《な》き声《こえ》やケンカ、濃《こ》いにおいのオシッコ（スプレー）が減《へ》る。

2 エサの散乱《さんらん》やゴミあさりをふせげる。

3 フンや尿《にょう》による被害《ひがい》を減《へ》らせる。

4 住民《じゅうみん》の理解《りかい》と協力《きょうりょく》が得《え》られる。

人《ひと》とネコとが共生《きょうせい》できる街《まち》になる

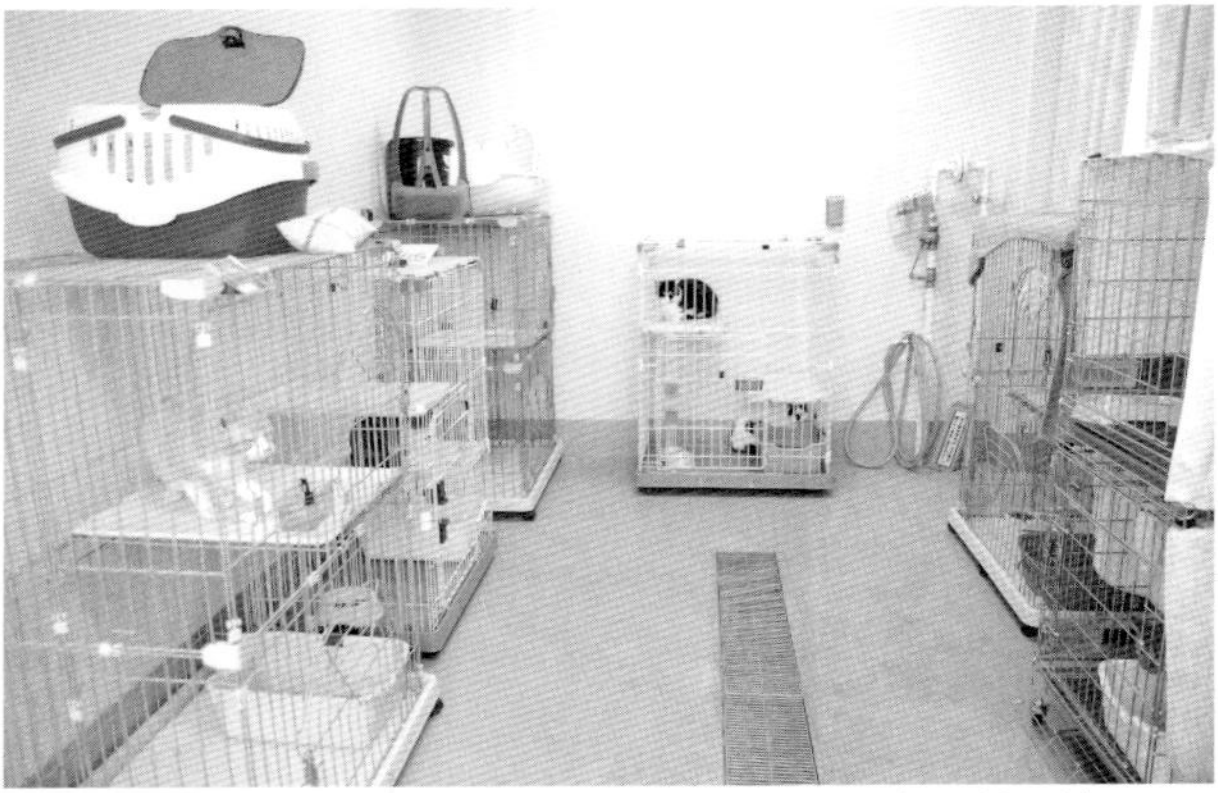

⬆愛護棟《あいごとう》の中《なか》にある『猫舎《ねこしゃ》』。体調《たいちょう》が悪《わる》かったり、人《ひと》なれしていなくて、まだ譲渡対象《じょうとたいしょう》でないネコが収容《しゅうよう》されています。
⬅警戒心《けいかいしん》が強《つよ》く、人《ひと》をよせつけない成猫《せいびょう》。もっか人《ひと》になれるためのリハビリ中《ちゅう》です。

事故《じこ》にあい、身元不明《みもとふめい》の"負傷猫《ふしょうねこ》"としてセンターに収容《しゅうよう》されたネコ。治療《ちりょう》をうけながらじょじょに回復中《かいふくちゅう》です。

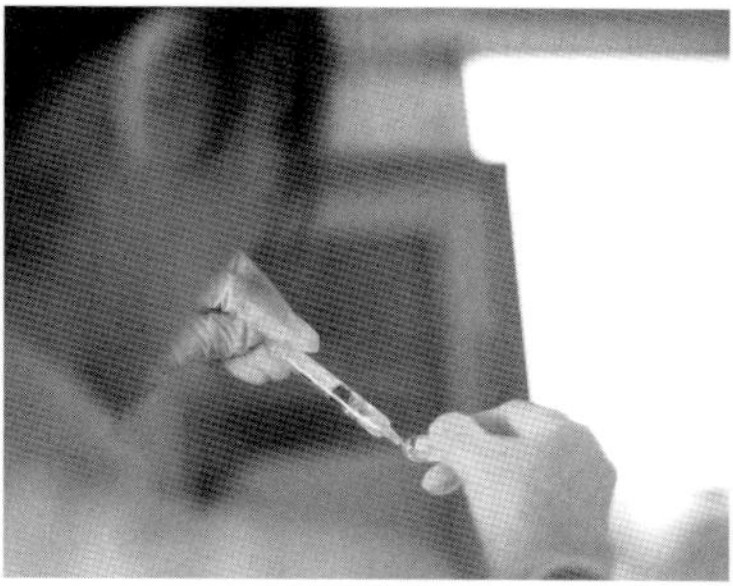

負傷猫《ふしょうねこ》のお世話《せわ》や治療《ちりょう》をする職員《しょくいん》さん。ネコたちの治療《ちりょう》をおこなう『検査室《けんさしつ》』にて。

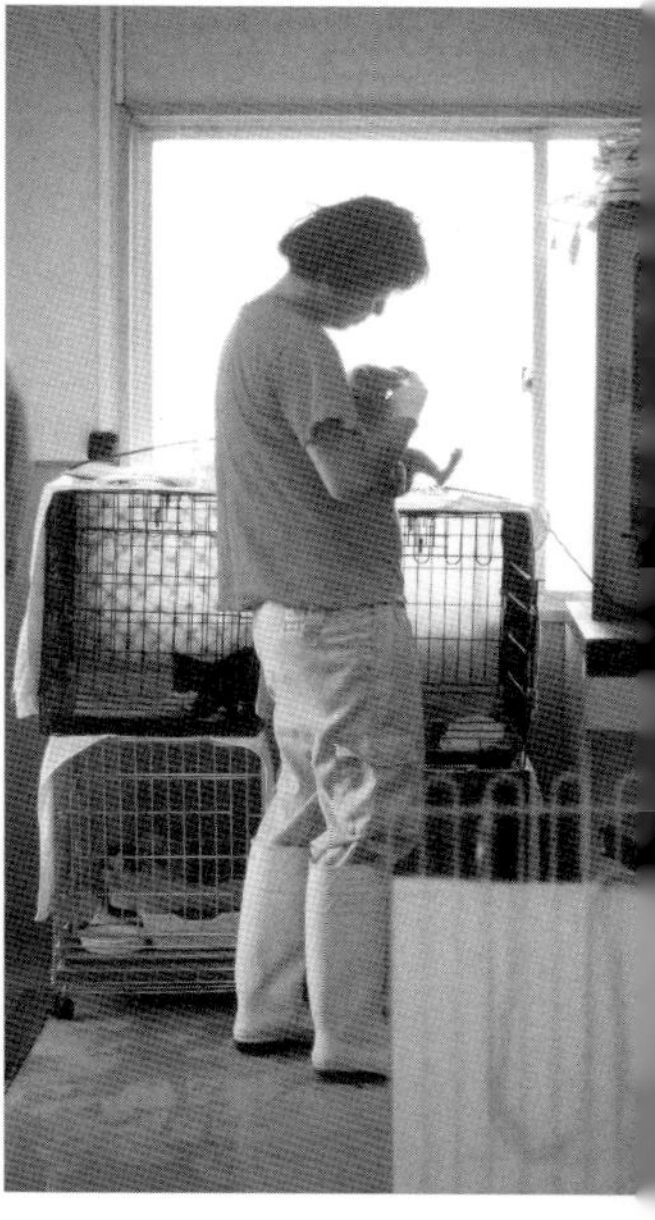

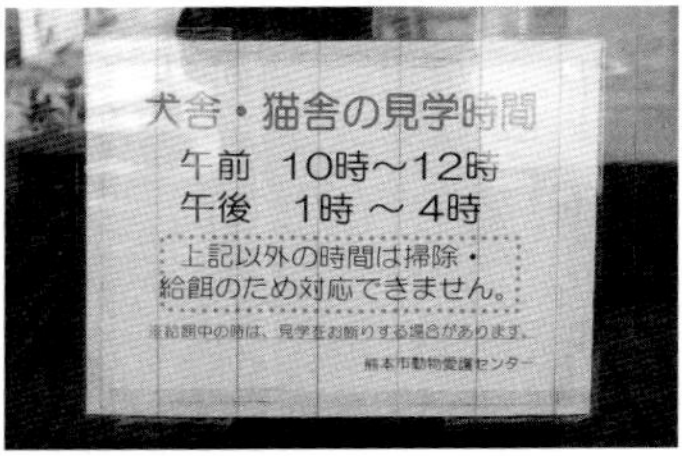

会議室《かいぎしつ》に掲示《けいじ》された『成猫《せいびょう》のススメ』と『黒猫《くろねこ》を飼《か》おう』。譲渡希望者《じょうときぼうしゃ》が少《すく》ない成猫《せいびょう》や黒猫《くろねこ》の、本当《ほんとう》の魅力《みりょく》を知《し》ってもらうためのポスターです。

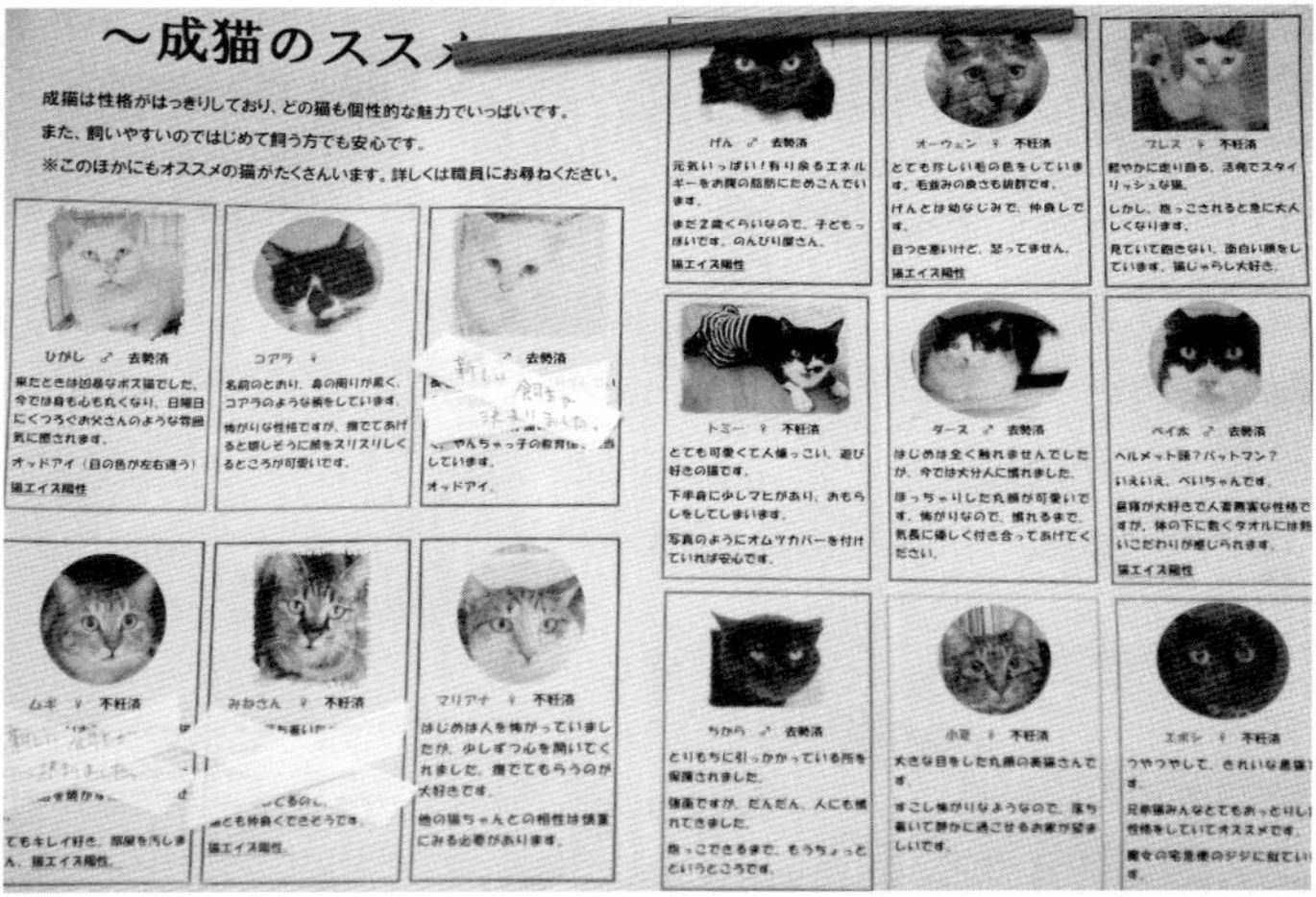

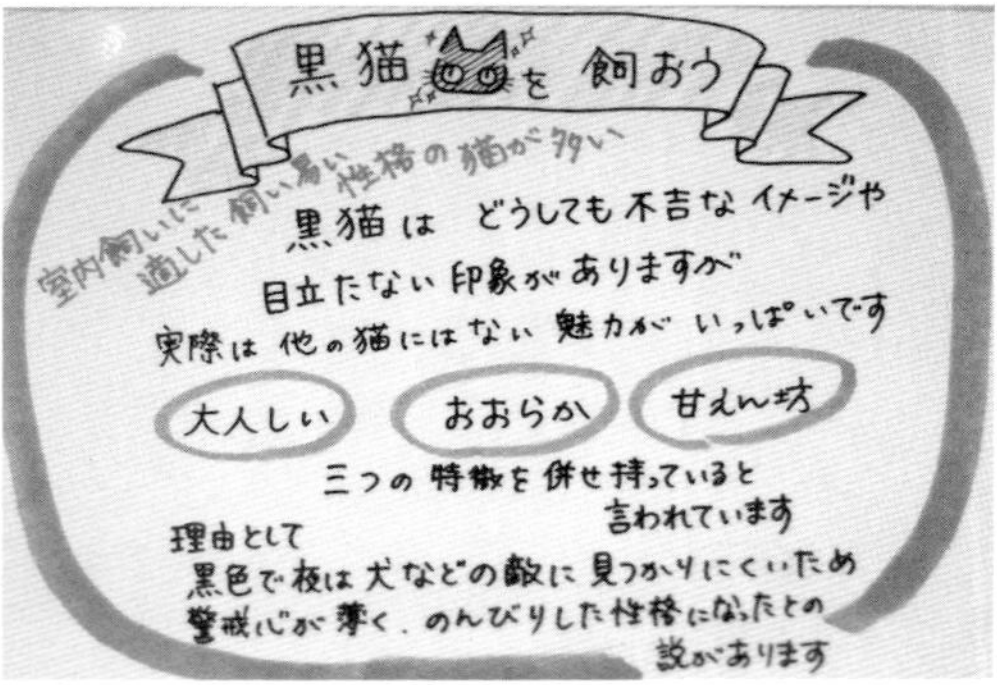

センターの車《くるま》には、『迷子《まいご》札《ふだ》をつけよう100%運動《うんどう》』のステッカーが。

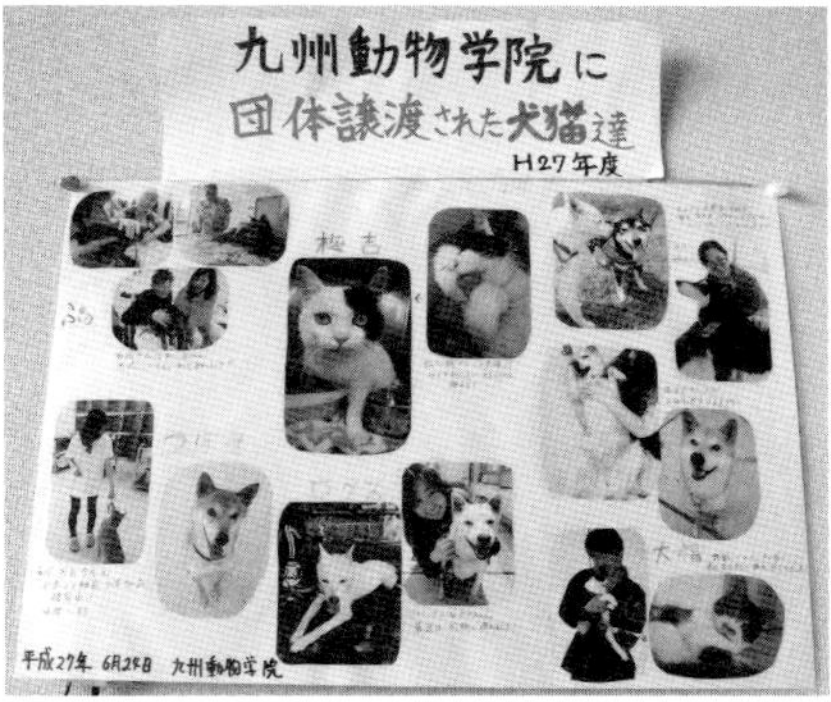

地元《じもと》の専門学校《せんもんがっこう》も、犬猫《いぬねこ》たちのあたらしい飼《か》い主《ぬし》さがしに協力《きょうりょく》しています。

センターに掲示《けいじ》してある迷子情報《まいごじょうほう》。

―エピローグ―　ネコのいのちが守《まも》られる社会《しゃかい》へ

――こうして、〝赤《あか》ちゃんネコのすくいかた〟をさがす、熊本《くまもと》への旅《たび》はおわりました。

8年前《ねんまえ》までは、ほかの自治体《じちたい》と同《おな》じように赤《あか》ちゃんネコをガス室《しつ》で殺処分《さつしょぶん》していた熊本市《くまもとし》が、なぜ、現在《げんざい》のような〝殺処分《さつしょぶん》ゼロ〟を実現《じつげん》できたのか――。

その答《こた》えのヒントは、赤《あか》ちゃんネコをとりまく人《ひと》たちの〝想《おも》い〟のなかにありました。

「殺《ころ》したくない！」という職員《しょくいん》さんたちの想《おも》い。

「助《たす》けたい！」という梅崎《うめざき》さんの想《おも》い。

「命《いのち》をすくうお手伝《てつだ》いがしたい」「赤《あか》ちゃんネコを育《そだ》てたい」という、ミルクボランティアさんたちの想《おも》い。

……そんな一人《ひとり》ひとりの想《おも》いが出会《であ》って、つながって、やがて大《おお》きな輪《わ》となり、尊《とうと》い命《いのち》がすくわれるという〝結果《けっか》〟へとみちびかれました。

梅崎《うめざき》さん、後藤《ごとう》さん、長野《ながの》さん、溝端《みぞばた》さん、小田《おだ》さん、小松先生《こまつせんせい》、清水《しみず》が丘《おか》分校《ぶんこう》の生徒《せいと》たち、藤井《ふじい》さんはじめミルクボランティアのみなさん……それぞれの人《ひと》が、それぞれの想《おも》いを胸《むね》にふみだした〝最初《さいしょ》の一歩《いっぽ》〟が、センターをかえるきっかけになったのです。

そしてそのかげには、あらたなことに挑戦《ちょうせん》しようとする職員《しょくいん》の意志《いし》を尊重《そんちょう》し、力強《ちからづよ》く背中《せなか》をおしつづける村上所長《むらかみしょちょう》の姿《すがた》がありました。

この本《ほん》を読《よ》んでくださったあなたが、もしも、「私《わたし》も赤《あか》ちゃんネコを助《たす》けたい！」「ボランティアとして、お手伝《てつだ》いしてみたい」……そんなふうに思《おも》ってくれたなら、ぜひ、家族《かぞく》と相談《そうだん》して、地元《じもと》の動物収容施設《どうぶつしゅうようしせつ》に問《と》いあわせてみてください。

ミルクボランティア活動《かつどう》はまだ一般的《いっぱんてき》ではなく、公《おおやけ》に募集《ぼしゅう》している自治体《じちたい》は多《おお》くありませんが、熊本市《くまもとし》がそうだったように、「協力《きょうりょく》したい」という市民《しみん》と、「殺《ころ》したくない」という職員《しょくいん》さんの〝想《おも》い〟がつながれば、そこから、命《いのち》をすくう道《みち》がひらけていくかもしれません。

また、これからネコと暮《く》らしはじめようと思《おも》っているなら、ぜひ、施設《しせつ》に収容《しゅうよう》されている子《こ》を、家族《かぞく》にむかえてあげてください。

それから、もしも捨《す》てられている子猫《こねこ》を見《み》つけたら、あなたの手《て》で保護《ほご》し、自分《じぶん》の家《いえ》で飼《か》えなければ、あたらしい飼《か》い主《ぬし》さんをさがしてあげてください。

この本《ほん》が、全国《ぜんこく》の施設《しせつ》で〝最期《さいご》のとき〟をまっている10万頭《まんとう》のネコの命《いのち》を、ひとつでもすくうヒントになるのであれば、著者《ちょしゃ》として、これほどうれしいことはありません。

飼い主さんへ
こうくん
そのみ
そのみちゃん
こうくん
性格 やさしい、かしこい、上品 甘えん坊（指をくちゅくちゅしてくれますよ）
性格 やんちゃ、ひょうきん 人懐っこい（肩や背中にとび乗って来ます）
チャームポイント 大きくてこぼれそうな瞳 とっても美人
チャームポイント 白い手袋とくつ下をはいたような足、かっこいい白い胸
ビニール袋
バッグの中 おふろ場
TV台のうしろ
一日中あそびます
この子達と一緒にいると、毎日笑顔で楽しく幸せに過ごせますよ。愛情いっぱいでやさしく育てて下さいね。
ミルクボランティア より

ミルクボランティアさんから
飼い主さんへ
はなちゃん
性格
一言
じんくん
性格
一言
トイレも一番上手でした!!
あまがみが好きです。
大事に、育てられますように!!
花ちゃん元気にしててね。
とても、いやされました
じんくん大すきだよ。
がんばってね。

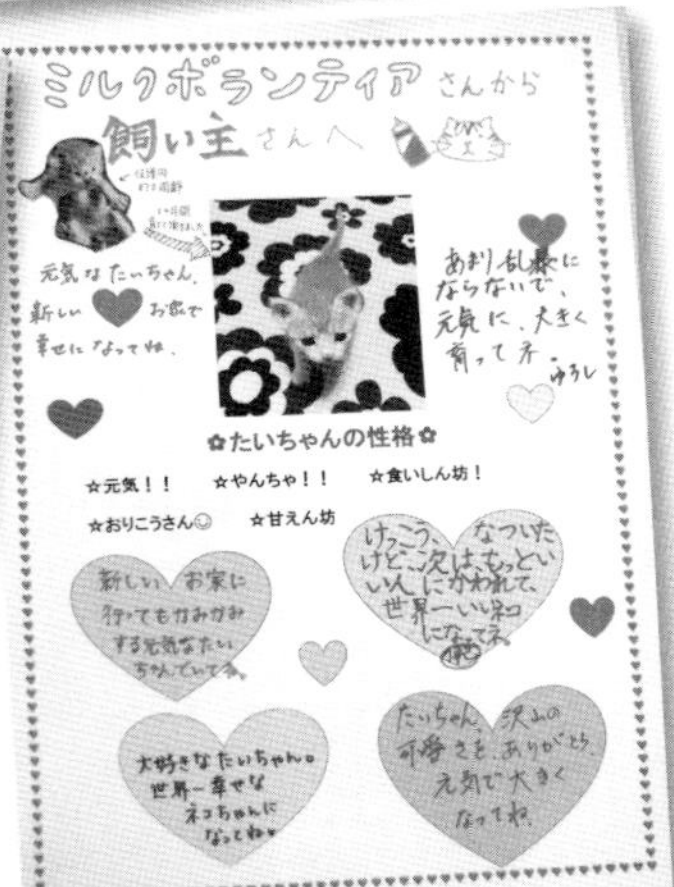
ミルクボランティアさんから
飼い主さんへ
元気なたいちゃん、新しいお家で幸せになってね。
あまり乱暴にならないで、元気に、大きく育ってね。
たいちゃんの性格
☆元気！！
☆やんちゃ！！
☆食いしん坊！
☆おりこうさん
☆甘えん坊
新しいお家に行ってもかみかみする元気なたいちゃんでいてね。
大好きなたいちゃん。世界一幸せなネコちゃんになってね
たいちゃん、沢山の可愛さを、ありがとう。元気で大きくなってね。

この本《ほん》を手《て》にとってくれた、心《こころ》やさしき〝あなた〟へ

ネコ、犬《いぬ》、ウサギ、ハムスター、鳥《とり》……あなたの家族《かぞく》のなかには、〝人間《にんげん》〟以外《いがい》の〝動物《どうぶつ》〟がいますか？

わが家《や》には、もと〝捨《す》てられ猫《ねこ》〟だった9頭《とう》のネコがいます。
ゆうちゃん、プー助《すけ》、チーちゃん、ミーちゃん、テンちゃん、クーちゃん、さくら、ニャアちゃん、コロ太《た》……私《わたし》にとって彼《かれ》らは、たいせつな〝家族《かぞく》の一員《いちいん》〟。ささえあい、はげましあいながら、ともに暮《く》らす〝人生《じんせい》のパートナー〟です。

今回《こんかい》、ミルクボランティアさんの活動《かつどう》を取材《しゅざい》しながら、生後《せいご》まもなく保護《ほご》したプー助《すけ》とチーちゃんの赤《あか》ちゃん時代《じだい》を、なつかしく思《おも》い出《だ》しました。

わが家《や》の末《すえ》っ子《こ》・コロ太《た》を最初《さいしょ》に発見《はっけん》し、保護《ほご》してくれたのは、近所《きんじょ》の小学生《しょうがくせい》たちでした。

赤《あか》ちゃんネコ時代《じだい》のプー助《すけ》（右《みぎ》）とチーちゃん（左《ひだり》）。授乳《じゅにゅう》は３時間《じかん》おき。

⬅離乳食《りにゅうしょく》を食《た》べはじめたころ。
⬇大人《おとな》になったプー助《すけ》（右《みぎ》）とチーちゃん（左《ひだり》）。兄妹《きょうだい》の２頭《とう》は14歳《さい》になった今《いま》も大《だい》の仲《なか》よし。

この子《こ》たちの幸《しあわ》せそうな寝《ね》顔《がお》を見《み》ているとき、ふと思《おも》い出《だ》すことがあります。

それは私《わたし》がこれまでの取材《しゅざい》で出会《であ》ってきた、あの子《こ》たち――。

この世《よ》に生《せい》をうけてすぐに、その尊《とうと》い命《いのち》を絶《た》たれてしまった、名《な》もなきネコたちのこと。

彼《かれ》らとの出会《であ》いが……彼《かれ》らの命《いのち》をすくいたいという想《おも》いが……私《わたし》がこの本《ほん》をつくろうと思《おも》った原点《げんてん》です。

人間《にんげん》の都合《つごう》によって捨《す》てられ、ガス室《しつ》の中《なか》でひっそりとその短《みじか》い生涯《しょうがい》を閉《と》じた子《こ》たちの命《いのち》と、今《いま》、私《わたし》のひざの上《うえ》で、のどをならして、あまえながらねむっているコロ太《た》の命《いのち》――どちらも、その子《こ》にたったひとつだけあたえられた、か

けがえのない命《いのち》です。
いつの日《ひ》か、この世《よ》に生《せい》をうけたすべてのネコたちの命《いのち》が守《まも》られ、おだやかで幸福《こうふく》な〝猫生《ねこせい》〟をまっとうできる世《よ》の中《なか》になりますように。
本書《ほんしょ》が、そのきっかけのひとつとなれるよう、心《こころ》からいのっています。

最後《さいご》になりましたが、取材《しゅざい》にご協力《きょうりょく》くださいました熊本市動物愛護《くまもとしどうぶつあいご》センター職員《しょくいん》のみなさま、京陵中学校清水《けいりょうちゅうがっこうしみず》が丘分校《おかぶんこう》の小松先生《こまつせんせい》と生徒《せいと》のみなさん、ボランティアの梅崎恵美子《うめざきえみこ》さん、藤井優子《ふじいゆうこ》さん、そして、この本《ほん》をともにつくりあげてくださった集英社《しゅうえいしゃ》みらい文庫編集部《ぶんこへんしゅうぶ》の山下《やました》さんに、この場《ば》をおかりして、心《こころ》よりお礼《れい》を申《もう》しあげます。

二〇一六年《ねん》八月《がつ》

児玉小枝《こだまさえ》

ご報告《ほうこく》

ミルクボランティアの藤井《ふじい》さんに育《そだ》てられたアンちゃんとドゥーくん、そして、“モデル猫《ねこ》”の小夏《こなつ》は、その後《ご》、あたらしい飼《か》い主《ぬし》さんにひきとられ、今《いま》は、それぞれの家庭《かてい》で、幸《しあわ》せな猫生《ねこせい》を送《おく》っています――。

集英社みらい文庫

赤《あか》ちゃんネコのすくいかた
小さな“いのち”を守《まも》る、ミルクボランティア

児玉小枝《こだまさえ》 写真・文

ファンレターのあて先
〒101-8050 東京都千代田区一ツ橋2-5-10 集英社みらい文庫編集部
いただいたお便りは編集部から先生におわたしいたします。

2016年 8月31日 第1刷発行

発行者	鈴木晴彦
発行所	株式会社 集英社 〒101-8050 東京都千代田区一ツ橋2-5-10 電話 編集部 03-3230-6246 読者係 03-3230-6080 販売部 03-3230-6393(書店専用) http://miraibunko.jp
装丁	松尾美恵子(株式会社鷗来堂) 中島由佳理
編集協力	株式会社鷗来堂
印刷	図書印刷株式会社 凸版印刷株式会社
製本	図書印刷株式会社

ISBN978-4-08-321336-6 C8295 N.D.C.913 188P 18cm

集英社《しゅうえいしゃ》みらい文庫《ぶんこ》

涙《なみだ》なしには読《よ》めない、真実《しんじつ》を伝《つた》えるフォト・ストーリー

『“いのち”のすくいかた
捨《す》てられた子犬《こいぬ》、クウちゃんからのメッセージ』

写真《しゃしん》・文《ぶん》・児玉小枝《こだまさえ》

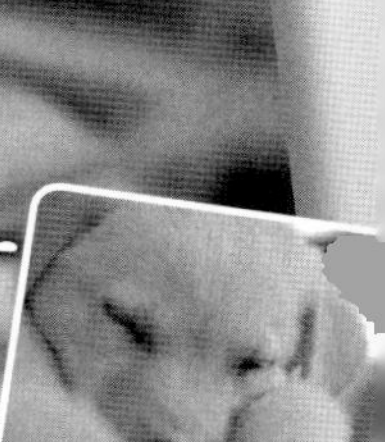

クウちゃんは生後《せいご》２ヶ月《かげつ》の子犬《こいぬ》。動物収容《どうぶつしゅうよう》施設《しせつ》にいたところを、新《あら》たな飼《か》い主《ぬし》さんにすくわれました。捨《す》てられる命《いのち》が後《あと》をたたないなか、私《わたし》たちになにができるのか——。

「みらい文庫《ぶんこ》」読者《どくしゃ》のみなさんへ

言葉《ことば》を学《まな》ぶ、感性《かんせい》を磨《みが》く、創造力《そうぞうりょく》を育《はぐく》む……、読書《どくしょ》は「人間力《にんげんりょく》」を高《たか》めるために欠《か》かせません。
たった一枚《いちまい》のページをめくる向《む》こう側《がわ》に、未知《みち》の世界《せかい》、ドキドキのみらいが無限《むげん》に広《ひろ》がっている。
これこそが「本《ほん》」だけが持《も》っているパワーです。

学校《がっこう》の朝《あさ》の読書《どくしょ》に、休《やす》み時間《じかん》に、放課後《ほうかご》に……。いつでも、どこでも、すぐに続《つづ》きを読《よ》みたくなるような、魅力《みりょく》に溢《あふ》れる本《ほん》をたくさん揃《そろ》えていきたい。読書《どくしょ》がくれる、心《こころ》がきらきらしたり胸《むね》がきゅんとする瞬間《しゅんかん》を体験《たいけん》してほしい、楽《たの》しんでほしい。みらいの日本《にほん》、そして世界《せかい》を担《にな》うみなさんが、やがて大人《おとな》になった時《とき》、「読書《どくしょ》の魅力《みりょく》を初《はじ》めて知《し》った本《ほん》」「自分《じぶん》のおこづかいで初《はじ》めて買《か》った一冊《いっさつ》」と思《おも》い出《だ》してくれるような作品《さくひん》を一所懸命《いっしょけんめい》、大切《たいせつ》に創《つく》っていきたい。

そんないっぱいの想《おも》いを込《こ》めながら、作家《さっか》の先生方《せんせいがた》と一緒《いっしょ》に、私《わたし》たちは素敵《すてき》な本作《ほんづく》りを続《つづ》けていきます。「みらい文庫《ぶんこ》」は、無限《むげん》の宇宙《うちゅう》に浮《う》かぶ星《ほし》のように、夢《ゆめ》をたたえ輝《かがや》きながら、次々《つぎつぎ》と新《あたら》しく生《う》まれ続《つづ》けます。

本《ほん》を持《も》つ、その手《て》の中《なか》に、ドキドキするみらい――。

本《ほん》の宇宙《うちゅう》から、自分《じぶん》だけの健《すこ》やかな空想力《くうそうりょく》を育《そだ》て、〝みらいの星《ほし》〟をたくさん見《み》つけてください。

そして、大切《たいせつ》なこと、大切《たいせつ》な人《ひと》をきちんと守《まも》る、強《つよ》くて、やさしい大人《おとな》になってくれることを心《こころ》から願《ねが》っています。

2011年　春

集英社みらい文庫編集部